图1 鲜食葡萄玫瑰香症状

图2 感染葡萄灰霉病的果穗

图3 葡萄枝梢感染灰霉病长出稀疏霉层

图4　收获后期的重症灰霉病果穗

图5　葡萄灰霉病田间
　　　发病症状

图6　分枝穗轴褐色水渍状病变
　　　导致的坏死褐枯病症

图7　重症萎蔫的穗轴和
　　　褐枯的果穗

图8　感染白腐病的果穗呈
　　　水渍状淡褐色病斑

图9　病部失水干缩,呈软腐状的
　　　白腐病果穗

图10　果穗变深褐，呈干枯僵果挂在树上不易脱落

图11　枝蔓病斑向上下两端扩展变褐，表面密生灰白色小粒点

图12　呈不明显的同心轮纹的白腐病叶片

图13　白腐病大流行严重受损的葡萄园

图14　穿孔开裂的黑痘病叶片

图15　病部枝蔓重症黑痘病枯死病斑暗褐色

图16　下陷黑褐色鸟眼状病粒

图17　感染白粉病的叶片

图18　叶片背面长有一层白色霉状物

图19　发病后期可见到呈黑色小粒点的白粉病菌子囊壳

图20　果梗及穗轴初期感染白粉病覆有白色粉状物

图21 感染霜霉病的叶片呈淡黄色
多角形病斑

图22 病斑背面产生一层白色霉层

图23 染病果梗变黑褐色坏死

图24 幼果感病，呈淡褐色软腐，
并生有白色霉状物

图25 感病果粒后期皱缩
易脱落

图26 呈现圆形大褐斑的感病叶片

图27　重症病叶干枯破裂

图28　褐斑病叶片呈深褐色斑点

图29　重度感染病斑连片的褐斑病叶片

图30　初期染病果粒表面上产生褐色水渍状小斑点，病斑扩大后凹陷

图31　重症果粒病斑扩及整个果面

图32　果穗上产生暗褐色圆形病斑

图33　病斑上长出的分生孢子团

图34　炭疽病果实表面病菌分生孢子器呈典型的轮纹状排列

图35　呈暗褐色至灰黑色凹陷的房枯病果穗

图36　穗轴和果粒病斑表面形成稀疏的小黑点

图37　葡萄蔓割病一年生病枝
（引自王忠跃）

图38　葡萄蔓割病病蔓
（引自王忠跃）

图39　染黑腐病的果穗上布满粒粒清晰的
　　　小黑粒点

图40　病果失水干缩成有明显棱角的
　　　黑蓝色僵果

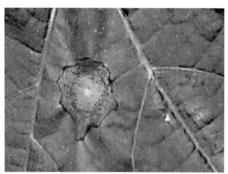

图41　感染黑腐病的叶片出现灰白或
　　　浅褐色病斑

图42　叶片背面隐约可见轮环状
　　　排列的病菌

图43　酸腐病果穗流出
　　　腐烂的汁液

图44　腐烂后干枯的果粒

图45　腐烂的汁液浸染到其他果粒引起的腐烂

图46　病变叶呈暗红色，叶脉仍为绿色的卷叶病田间症状

图47　叶缘锯齿不规则，叶柄开张角度大，呈扇叶状

图48　病叶上的浅绿色斑点，叶脉扭曲、明脉

图49　叶缘不对称黄化的皮尔斯病叶片

图50　患日灼病的果粒

图51　表面凹陷坏死的日灼病果粒

图52　高温热害熏蒸造成的果穗脱水萎蔫

图53　生长大小不一的缺锌果粒

图54　叶面变成黄白色的缺铁症状

图55　花序干枯的缺硼果穗

图56　缺镁叶片上的带状黄化斑点

图57　毛毡病叶背面的不规则苍白色病斑

图58　毛毡病叶片表面形成泡状隆起

图59　绿盲蝽为害形成不规则的孔洞和
　　　撕裂状叶片

图60　花蕾、花梗受害后干枯脱落

图61　背板深绿色的绿盲蝽成虫

图62　绿盲蝽若虫

图63　二黄斑叶蝉成虫

图64　叶蝉成虫

图65　叶蝉若虫

图66　叶蝉严重为害的叶片
呈连片白斑点

图67　透翅蛾幼虫多蛀
食蔓的髓心部

图68　透翅蛾成虫

图69　在葡萄主根和侧根上越冬的根瘤蚜若虫

图70　葡萄根瘤蚜成虫、卵、若虫

图71　被害叶向叶背凸起成囊状

图72　葡萄天蛾成虫

图73　葡萄天蛾幼虫

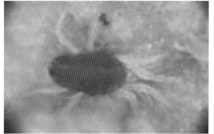
图74　山楂叶螨成螨及若螨

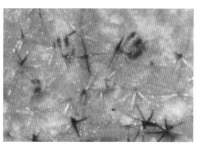
图75　二斑叶螨成虫

图76　葡萄斑衣蜡蝉为害叶片后叶肉渐变厚，向背面弯曲

图77　灰褐色，翅基部有20多块黑斑的葡萄斑衣蜡蝉若虫

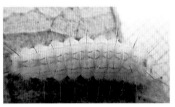

图78　体背变红色并生出翅芽的葡萄斑衣蜡蝉成虫

图79　葡萄星毛虫成虫

图80　葡萄星毛虫幼虫

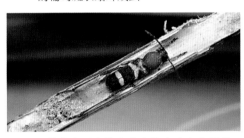

图81　葡萄虎天牛蛀入茎内蛀食为害变黑的隧道

图82　葡萄虎天牛成虫

图83　葡萄虎天牛幼虫

图84　蓟马为害的果粒出现木栓化褐色锈斑

图85　排泄出无色黏液为害枝蔓的
　　　葡萄褐盔蜡蚧

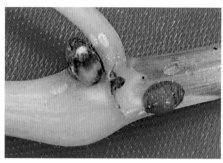

图86　红褐色、椭圆形、背部体壁硬化的
　　　葡萄褐盔蜡蚧

图87　药害烧穗症状

图88　药害后期症状

图89　玉米田除草剂飘移药害——含2,4-滴丁酯成分

专家为您答疑丛书

葡萄病虫害防治
百问百答

第2版

孙　茜　耿青松　张家齐　郝宝锋　主编

中国农业出版社
北　京

图书在版编目（CIP）数据

葡萄病虫害防治百问百答／孙茜等主编．—2 版．
—北京：中国农业出版社，2022.8
（专家为您答疑丛书）
ISBN 978-7-109-18917-1

Ⅰ．①葡… Ⅱ．①孙… Ⅲ．①葡萄－病虫害防治－问
题解答 Ⅳ．①S436.631-44

中国版本图书馆 CIP 数据核字（2014）第 033664 号

中国农业出版社出版
（北京市朝阳区麦子店街 18 号楼）
（邮政编码 100125）
责任编辑　阎莎莎　张洪光

北京通州皇家印刷厂印刷　　新华书店北京发行所发行
2022 年 8 月第 2 版　　2022 年 8 月第 2 版北京第 1 次印刷

开本：880mm×1230mm 1/32　印张：4.5　插页：8
字数：112 千字
定价：29.00 元
（凡本版图书出现印刷、装订错误，请向出版社发行部调换）

第2版编写人员

主　　编：孙　茜　　耿青松　　张家齐　　郝宝锋

副主编：潘　阳　　马广源　　王吉强　　张星璨

　　　　袁立兵

参　　编：艾子栋　　白凤虎　　李　向　　李杏娣

　　　　张艳华　　赵建行　　常蓓蓓　　郭志刚

　　　　岳艳丽　　孙祥瑞

第1版编写人员

主　编：金立平　孙　茜　郝宝锋

副主编：袁章虎　王幼敏　张凤国　王永存

参　编：王吉强　李丽娟　李耀发　张尚卿

　　　　郭志刚　袁立兵　潘　阳　谭文学

　　　　李军祥

前言

葡萄在我国已有 2 000 多年的栽培历史，是我国重要的果树。据近代文献记载，葡萄多分布于温带至亚热带地区。葡萄属植物全世界约有 60 种，我国约有 25 种。葡萄产量约占全世界水果产量的 1/4，是当今世界人们喜食的第二大果品。在全世界的果品生产中，葡萄的产量及栽培面积一直居于首位。其果实除作为鲜食外，主要用于酿酒，还可制成葡萄汁、葡萄干和罐头等食品。

改革开放和农村产业结构的调整促进了我国葡萄栽培业的发展，特别是近年来葡萄栽培面积和产量一直呈上升趋势。截至 2015 年年底，中国葡萄栽培面积达 1 198.5 万亩，产量达 1 366.9 万吨。

我国葡萄种植广泛，多集中于新疆、山东、河北、辽宁、山西、吉林和河南等地，且以生产鲜食葡萄为主，2000 年之后我国成为世界上最大的鲜食葡萄生产国。

由于葡萄的生物学特性和自然气候条件的限制，葡萄鲜果大量上市时间一般只有 1 个月左右，而且葡萄果实不耐储藏和运输，较难满足非葡萄产区的供应。针对上述状况，辽宁省于 20 世纪 80 年代开始采用保护地栽培葡萄，并逐步推广到河北、山东、江苏等省份。

20 世纪 90 年代以来，上海、江苏、浙江等南方省、直辖市已陆续引进欧亚种开始实施大棚促成栽培、避雨栽培及延迟栽培。从而使葡萄提早或延迟成熟，并能获得高产、优质、高效的效果，缓解了水果市场淡季供应紧张局面。这将是今后南方葡萄栽培的发展方向。

我国的葡萄种植面积虽然很大，但是果品质量一直欠佳，常常是大量的低档葡萄没有销售市场，而高档葡萄供不应求。在生产实践中，葡萄病虫害防治水平不高是影响葡萄果品质量的重要因素之一。随着人们生活水平的日益提高，人们对果品质量的要求也日趋严格，关于葡萄病虫害的防治问题，不单纯要求科学合理进行葡萄的病虫害综合防治，用最少的农药，把葡萄病虫害控制在经济损害水平以下，同时还要求减少农药污染，实现葡萄无公害生产。因此，《葡萄病虫害防治百问百答》提出利用所有方法，保证发挥自然控制因素的作用，以同时满足农业生产在经济学、生态学和毒理学等方面的要求。对于葡萄园的某些病虫害，可以采用综合方法进行防治。在合理防治中，必须首先考虑自然控制手段，只有在自然控制手段不能将病虫害控制在经济损害水平以下时，才进行最合理、最有效的化学防治。《葡萄病虫害防治百问百答》推荐的化学药剂大多数都是国内外应用广泛的高效低毒药剂。

《葡萄病虫害防治百问百答》在编写内容上力求科学严谨，简单适用，贴近生产。每种病虫害都配有多幅照片，以便读者能够准确对照书中的照片鉴别病虫害种类和查阅相关资料。为了便于实际应用，每一种病虫害以多种问题的方式编写。书中还介绍了葡萄园安全使用农药、葡萄套袋控害技术两章，书末附有葡萄园病虫害周年系统防控整体方案、葡萄园病虫害综合防治方案、果园施药注意事项、石硫合剂容量和质量倍数稀释表、波尔多液配比表、我国果树上禁用农药通用名称与商品名称对照表、常用农药通用名称与商品名称对照表，具有很强的实用价值。特别适用于广大葡萄种植户和在基层工作的农业技术推广人员。对每种病虫害，除了介绍防治方法、防治药剂以外，还着重介绍了每种病虫害的发生规律、为害特点和广大葡萄种植户在生产实践中的一些不解的问题。

随着全国葡萄产业的发展，病虫害发生情况有了新的变化，新农药、新技术、新方法不断涌现，应用技术在不断更新和变化。应中国农业出版社之邀，我们对《葡萄病虫害防治百问百答》一书进行了修订。充实近几年在生产实践中得到的很多新经验和新点子，使这本科普书籍更加贴近生产一线，更加接地气，更有利于农民的阅读和应用。希望《葡萄病虫害防治百问百答》第 2 版的出版对广大葡萄种植户增产增收有所帮助。

作 者

2022 年 7 月于河北

目 录 ▪▪▪▪▪▪▪▪▪▪▪▪▪▪▪▪▪▪▪▪▪▪▪▪▪▪▪

第一章 葡萄病害

1. 葡萄主要叶部病害有哪些?

葡萄叶部病害主要有霜霉病、褐斑病、黑痘病等。而白腐病、灰霉病等一般在北方设施种植的葡萄上也多有感染叶片,但不是主要病害。

2. 葡萄主要穗部和果实病害有哪些?

造成葡萄烂粒的病害很多,南北种植区域也不相同。一般造成葡萄烂粒的病害有白腐病、炭疽病、白粉病、黑痘病、穗轴褐枯病、灰霉病,还有腐生的酸腐病。

3. 葡萄主要枝蔓病害有哪些?

侵染葡萄枝蔓的病害主要有:黑痘病、灰霉病、白腐病、炭疽病等。

4. 葡萄储藏期病害有哪些?

葡萄储藏期主要病害为灰霉病和炭疽病。

葡萄灰霉病

5. 葡萄灰霉病的症状特点是什么？

纵观葡萄各生育期可以发现，灰霉病是葡萄尤其是设施葡萄一生中都会发生的重要病害。葡萄灰霉病是引起花穗及果实腐烂的病害，该病过去分布不广，很少引起注意，随着保护地棚室栽培面积的扩大，河北、山东、四川、上海、湖南、山西等地均有发生，有的地区如上海，在春季已经是引起花穗腐烂的主要病害之一，如彩图1。流行时感病品种花穗被害率达70％以上。成熟的果实也常因此病在储藏、运输和销售期间引起腐烂。葡萄酿酒时如不慎混入灰霉病的病果，可造成红葡萄酒颜色改变、酒质变劣。葡萄灰霉病在葡萄各部位上的症状如下：

新梢及叶片：产生淡褐色形状不规则的病斑，病斑上有时出现不太明显的轮纹，湿度大时，感病枝梢也能长出稀疏灰色霉层。

花穗及果穗：花穗和刚落花后的小果穗易受侵染，发病初期被害部呈淡褐色水渍状，很快变暗褐色，整个果穗软腐；潮湿时病穗上长出一层鼠灰色的霉层，细看时还可见到极微细的水珠，此为病原菌分生孢子；晴天时腐烂的病穗逐渐失水萎缩、干枯脱落，如彩图2。

果实：成熟果实及果梗被害，果面出现褐色凹陷病斑。很快整个果实软腐，长出鼠灰色霉层，果梗变黑色，不久在病部长出黑色块状菌核如彩图3。

葡萄花期如遇阴雨天，或果实转色期间雨水较多都易感染灰霉病。葡萄储藏期也易发生此病。灰霉病对葡萄某些品种的生产会造成较大的损失，尤其在设施栽培中，常因湿度较大而花果发病较重。

6. 葡萄灰霉病发生的适宜环境条件是什么？

灰霉病菌的菌核和分生孢子的抗逆力都很强，尤其是菌核是病菌主要的越冬器官。初侵染的来源为葡萄园内在病花穗、病果、病叶等残体上越冬的病菌。菌核越冬后，次年春季湿度增大或遇降雨时即可萌动产生新的分生孢子，新、老分生孢子通过气流传播到花穗上。其孢子在清水中不易萌发，花穗上有外渗的营养物质时，分生孢子便很容易萌发，开始当年的初侵染。初侵染发病后又长出大量新的分生孢子，很容易脱落，又靠气流传播进行多次再侵染。

多雨潮湿和较凉的气候条件适宜葡萄灰霉病的发生。菌丝的发育以 20～24℃ 最适宜，因此，春季葡萄花期，低温环境又遇上连阴雨天，空气潮湿，最容易诱发灰霉病的流行，常造成大量花穗腐烂脱落；坐果后，果实逐渐膨大便很少发病。另一个易发病的阶段是果实成熟期，如天气潮湿也易造成烂果（彩图 4），这与果实糖分、水分增高，抗性降低有关。

灰霉病菌是弱寄生菌，地势低洼，枝梢徒长郁闭，杂草丛生，通风透光不良的果园，发病较重。管理粗放，施肥不足，机械伤、虫伤多的果园发病也较重。

7. 怎样防治葡萄灰霉病？

防治葡萄灰霉病应采取以下措施：

(1) 清洁果园：病残体上越冬的菌核是主要的初侵染源，因此，应结合其他病害的防治，彻底清园并搞好越冬休眠期的防治工作；春季发病后，应仔细摘除和销毁病花穗以减少再侵染菌源。

(2) 加强果园管理：控制速效氮肥的使用，防止枝梢徒长，抑制营养生长，对过旺的枝蔓进行适当的修剪，或喷施生长抑制剂，搞好果园的通风透光，降低田间湿度等，有较好的预防灰霉病的效果。

(3) 及时防治害虫：防治害虫可减少果粒伤口，使灰霉病不易侵染果粒。

(4) 药剂防治：春季萌芽期喷 1 次 3～5 波美度石硫合剂；花前喷 1～2 次药剂预防，可选用 25％嘧菌酯悬浮剂 2 000 倍液、50％咯菌腈可湿性粉剂 3 000 倍液、50％多菌灵可湿性粉剂 500 倍液、70％甲基硫菌灵可湿性粉剂 800 倍液等。灰霉病菌对多种化学药剂的抗性较其他真菌强，防控应从花期开始。采用 50％啶酰菌胺水分散粒剂 1 200 倍液、50％咯菌腈可湿性粉剂 2000 倍液、50％异菌脲可湿性粉剂 800 倍液、50％嘧菌环胺 1 200 倍液进行防治。3％多抗霉素 400 倍液也可以兼治灰霉病。

8. 葡萄储藏期怎么防治灰霉病？

由于引起葡萄储藏期果实腐烂的病原主要是通过伤口侵染，其中有些是早期侵入后，由于寄主的抗性较强而潜伏于果实内，待果实成熟时才出现症状，引致腐烂；此外，葡萄灰霉病多数是在高湿度、不通风的储藏环境下发病严重，因此，对这类病害的防治，应以做好早期的预防工作为主。

(1) 采收前：通过修剪清除受伤和已发病的果实；适当疏果，使果穗不要过于紧密，以防成熟前或成熟过程中，由于果粒膨大相互挤压造成果皮伤裂；在刚坐果和果实成熟时，应慎重用水，避免造成太大的田间湿度和在果实表面长时间留下自由水，而给病菌创造有利的侵染条件。此外，适当使用一些保护性杀菌剂也是必要的，如套袋前和摘袋后用 25％嘧菌酯悬浮剂 1 500 倍液喷施或浸穗，可收到良好的防治效果。

(2) 适时采收：采收时，剪、拿、运送等都要十分细致小心，尽量减少损伤，防止擦去果粉。采收的时间宜选择在晴天的上午或傍晚，利于储藏。

(3) 采收后： 储藏过程中注意降温与通气，装箱后要进行预冷，以消除田间带来的热气，及降低果实呼吸率，还可以预防果穗梗变干、变褐及颗粒变软或落粒，利于延长存放时间。储藏前用二氧化硫熏蒸，不但能杀死果实表面各种可能引起果腐的病原菌，而且可以降低果实呼吸率，减少糖分的消耗，并能较长时间保持果色和果梗的新鲜状态。

二氧化硫熏蒸应分 2～4 次进行，常因保鲜期长短不同，熏蒸的次数不同。前次可用 0.5% 的二氧化硫熏蒸 20 分钟，必须使二氧化硫迅速而均匀地达到每箱的每个果穗中，以确保防效而不致引起药害。再次熏蒸时，二氧化硫浓度为 0.1%，熏蒸 30 分钟。这样处理每隔 7～10 天进行 1 次。

9. 葡萄灰霉病为什么在花期之后和果实成熟时易发生?

葡萄灰霉病是花期侵染的一种弱寄生菌引起的病害。也就是说，葡萄植株哪个器官生长势弱下来，该菌就会在哪里侵染发病，对于那些健壮的叶片、枝蔓则不易被侵染发病。首先说开花时，葡萄每朵小花的花瓣随着花期的结束，就会慢慢地失去了生命力，而这时，如有几天大雾或小雨等潮湿的天气，就会给葡萄灰霉病侵染葡萄提供了条件。所以说，沿海地区栽培葡萄往往该病发生严重，而北部内陆地区相对来说就发生轻。北部地区葡萄灰霉病在花期几年才发生一次。但每次发生均能造成重大损失，该病在花期只要见病就已是到了后期，喷药已来不及治疗了。这里给果农提个醒，葡萄在花期时，只要是遇下大雾等潮湿天气，在落花后一定要喷防治葡萄灰霉病的药剂，以防该病大发生。

其次，葡萄果实近成熟时发病，也是生长势减弱的原因。葡萄果实随着成熟，其生命力也就逐渐减弱，弱寄生的葡萄灰霉病菌就会侵染到果粒上，尤其有些受到损伤的果粒，糖分外溢，更容易感染此病。

在田间见到烂粒、伤粒、裂粒（彩图5），必须及时剪掉并深埋，以防此病大发生。一些海边台田种植的葡萄园年年发生葡萄灰霉病，更要注意收获季节喷药防治该病。

10. 葡萄秋季采收入库时都是好果，但出库时发现有大量灰霉病发生，为什么？

葡萄灰霉病是由一种弱寄生菌引起，葡萄采摘造成伤口后容易被侵染。秋季采收时，葡萄果穗外表看上去没有病粒，但每个果穗上均带有一定的葡萄灰霉病病菌，在装箱和搬运过程中，难免有些碰撞对葡萄果粒造成伤口，灰霉病菌也就趁机侵染到受伤的果粒上。一般冷库温度低，葡萄灰霉病在短期内不易发生和流行，但随着存放时间的延长，在3~4个月的储存过程中也就逐渐发病。

葡萄穗轴褐枯病

11. 葡萄穗轴褐枯病的症状特点是什么？

葡萄穗轴褐枯病发病初期，先在幼穗的分枝穗轴上产生褐色水渍状斑点，迅速扩展后致穗轴变褐坏死（彩图6），果粒失水萎蔫或脱落，有时病部表面生黑色霉状物，果粒长到中等大小时，病痂脱落，果穗也萎缩（彩图7）。

12. 什么环境条件下容易发生葡萄穗轴褐枯病？

葡萄穗轴褐枯病主要为害巨峰品系葡萄。发病特点是病菌以分生孢子在枝蔓表皮或幼芽鳞片内越冬，翌春幼芽萌动至开花期分生孢子侵入，形成病斑后，病部又产生小分生孢子，借风雨传播，进行再侵染。

老的枝蔓易发病，肥料不足或氮、磷、钾供给比例失调病情会加重；地势低洼、通风透光差易发病，巨峰等品种属感病品种。

主要发生时期是在花期前后，当果粒达到黄豆粒大小时，病害则停止发展蔓延。开花期低温多雨、穗轴幼嫩时，病菌容易侵染。地势低洼、管理不善的果园以及老弱树发病重，管理精细、地势较高的果园及幼树发病较轻。

13. 如何防治葡萄穗轴褐枯病？

防治葡萄穗轴褐枯病应采取以下措施：

（1）清洁果园：及时清理园中的病残枝蔓，冬季结合修剪，清除病枝、病叶并集中烧毁。

（2）加强栽培管理：控制氮肥用量，增施磷、钾肥，同时搞好果园通风透光、排涝降湿等工作。有条件的地方可以架设防雨棚种植。

（3）药剂保护：花前喷 1 次 25％嘧菌酯悬浮剂 2 000 倍液、75％百菌清可湿性粉剂 600 倍液，或 80％代森锰锌可湿性粉剂 600 倍液。花后喷 1 次 10％苯醚甲环唑水分散粒剂 2 000 倍液、25％嘧菌酯悬浮剂 1 500～2 000 倍液、32.5％苯醚·嘧菌酯悬浮剂 1 000 倍液或 32.5％吡唑萘菌胺·嘧菌酯悬浮剂 1 500 倍液均可有效防治穗轴褐枯病。

葡萄白腐病

14. 怎样辨认葡萄白腐病？白腐病主要为害葡萄的哪些部位？

葡萄白腐病俗称水烂或穗烂，主要为害果穗包括穗轴、果梗及果粒，也能为害枝蔓及叶片。是我国葡萄产区普遍发生的一种主要病害。

果穗发病，常引起大量果穗腐烂，靠近地面的果穗容易发病。受害果穗一般为水渍状、淡褐色、不规则的病斑，呈腐烂状（彩图8），发病1周后，果面密生一层灰白色的小粒点，病部渐渐失水干缩并向果粒蔓延，果蒂部分先变为淡褐色，后逐渐扩大呈软腐状（彩图9），以后全粒变褐腐烂，但果粒形状不变，穗轴及果梗常干枯缢缩，严重时引起全穗腐烂；挂在树上的病果逐渐皱缩、干枯成为有明显棱角的僵果。果实在上浆前发病，病果糖分很低，易失水干枯，深褐色的僵果往往挂在树上长久不落（彩图10），易与房枯病相混淆；上浆后感病，病果不易干枯，受震动时，果粒甚至全穗极易脱落。

枝蔓发病，在受损伤的地方、新梢摘心处及采后的穗柄着生处，特别是从土壤中萌发出的萌蘖枝最易发病。初发病时，病斑初呈淡黄色水渍状，边缘深褐色，随着枝蔓的生长，病斑也向上下两端扩展，变褐、凹陷，表面密生灰白色小粒点（彩图11）。随后表皮变褐、翘起，病部皮层与木质部分离，常纵裂成乱麻状。当病蔓环绕枝蔓一周时，中部缢缩，有时在病斑的上端病健交界处由于养分输送受阻往往变粗或呈瘤状。

叶片发病，多在叶缘、叶片尖端或破损处发生，初呈淡褐色水渍状病斑，逐渐向叶片中部蔓延，并形成不明显的同心轮纹，干枯后病斑极易破碎（彩图12）。天气潮湿时形成白色小点（分生孢子器），多分布在叶脉附近。

该病最主要的特点是：在潮湿多雨环境下，为害部位有一种特殊的霉烂味。

15. 白腐病是怎样发生的？

白腐病病菌以分生孢子器及菌丝体随病组织散落在土壤中越冬，成为来年初侵染的主要来源。病菌可以在土壤中的病残体上存活 2～5 年，并可不断地释放大量的具有侵染能力的分生孢子。遇雨水后，分生孢子借助雨溅、风吹、农事操作和昆虫等传播到当年生枝蔓和果实上，在适合的湿度下分生孢子即可萌发，通过伤口或自然孔口侵入组织内部。然后病组织上又产生分生孢子器，进行再侵染。

(1) 雨水：降水量越大或阴雨连绵，病菌萌发侵染的机会就越多，发病率也越高。暴风雨、雹害过后常导致白腐病大流行（彩图13），特别是易引起果穗受伤的暴风雨。因此，高温、高湿有利于白腐病发生和流行。进入着色期和成熟期，小果梗间易积水，有利于孢子的萌发侵入。因此，小果梗和穗轴易感病，且发病重。

(2) 温、湿度：在温度 24～27℃的环境下，分生孢子萌发并迅速侵染。分生孢子在 15℃以下萌发缓慢，高于 34℃时病害受到抑制。温度在 28～30℃相对湿度在 92％以上时，病斑扩展最快。

(3) 管理：清园不彻底，越冬菌源累积量大，或管理不善，通风透光差；或土质黏重，地下水位高；或地势低洼，排水不良；或结果部位很低，50 厘米以下架面留果穗多的果园发病均重；氮肥过多，钙、钾肥不足等条件下也容易发病。

(4) 品种：品种间抗病性也有差异，一般欧亚种易感病，欧美杂交种比较抗病。

16. 如何防治葡萄白腐病？

防治葡萄白腐病应采取以下措施：

因地制宜选用抗病品种，如玫瑰香、龙眼等品种较抗白腐病。

做好清园工作，及时摘除病果、病蔓、病叶等病组织，扫净地面的枯枝落叶，集中烧毁或深埋，减少侵染源。搞好排水工作降低园内湿度，尽量减少不必要的伤口，减少病菌侵染的机会。落花后，在葡萄植株两侧铺地膜，防止土壤中的病菌传播，减少侵染机会。

加强栽培管理，适时进行化学防治，掌握好用药防治的关键时期和节奏。

17. 什么栽培措施可以有效防治白腐病？

防治白腐病的有效栽培措施如下：

（1）增施有机肥料，增强树势，提高树体抗病力。

（2）提高结果部位，在距地 50 厘米以下不留果穗，以减少病菌侵染的机会。

（3）合理调节负载量，充分利用架面，防止负载量过大影响树体发育、削弱抗病性。一般留枝量过多，抽生新梢过密，会影响架面通风透光，滋生病虫。而且结果过多，会造成树体衰弱，影响品质和第二年的生长发育；根据品种不同，可以采取冬剪时稍多留、生长季再定新梢数量或在冬剪时一次定母枝数量的方法，但以前者比较保险。结果母枝的数量可以综合考虑品种的结果习性、目标产量、栽植密度等诸多因素加以推算。

例如行株距为 3.0 米×2.0 米，每公顷定植株数为 1 665 株，目标产量为 18 750～22 500 千克/公顷，那么要求每株应产 12～14 千克。如果品种的单穗重平均为 300～400 克，达到目标株产需要约 35 个果穗，以每一结果母枝上平均着生 1 个果穗计算，需要 35 个新梢，即 17～18 个结果母枝。考虑到埋、撒土时可能有些损伤，则每株可留 20 个左右结果母枝。这 20 个结果母枝在架面上（株距 2.0 米）分两层（自然扇形）摆布，每层 10 个，发出新梢 20 个，平均每 10 厘米 1 个新梢。

如果品种结实能力强，可稍少留，生长旺结果枝率较低的品种，可以稍多留点结果母枝，抽生新梢后再去掉一些过密营养枝。所留结果母枝必须是成熟好、生长充实、无病虫、有空隙部位的枝条。对于病虫枝、过密或交叉枝、过弱枝，要逐步有计划地疏除。

（4）生长期及时摘心、绑蔓、剪除过密枝叶或副梢和适时中耕除草，以利田间通风透光。

（5）园地低洼处，设法改良土壤，加强排水，合理选择土壤耕作方法，给葡萄根系创造良好的生态条件，促进地上部的生长和发育，改善土壤理化性能，活化土壤，增加团粒结构。主要的土壤耕作方法有清耕法、生草法、覆盖法以及免耕法等。

清耕法：每年在葡萄行间和株间中耕除草，以改善土壤表层的通气状况，促进土壤微生物的活动，同时可以防止杂草滋生，减少病虫为害。葡萄园在生长季节要进行多次中耕。一般中耕深度在 10 厘米左右。在北方早春地温低、土壤湿度小的地区，出土后立即灌溉，然后中耕，深度可稍深，10～15 厘米，雨水多时宜浅耕。后期枝梢生长停止时，减少中耕，可促进枝梢成熟。

覆盖法：对葡萄园土壤表面进行覆盖（铺地膜或各种作物秸秆、杂草等），可防止土壤水分蒸发，减少土壤温度变化，有利于微生物活动，使土壤不板结。地膜在萌芽前半个月就要覆盖，最好通行覆盖，可显著改善土壤理化结构，促进发芽，使发芽提早而且整齐。生长期还可减少多种病害的发生，增加田间透光度，并促进早熟及着色，减轻裂果。但这是一种消耗栽培法，即由于增加肥料用量尤其是有机质的投入，才能有更大的增产和改良品质的效果。地面覆稻草，同样可以增加土壤疏松度，防止土壤板结，一举多得，应大力提倡。一般覆草时间是在结果后，厚度 10～20 厘米，并用沟泥压草，注意有的干旱区要谨防鼠害及火灾发生。若先覆稻草再盖膜，那就更好了！

生草法：葡萄园行间种草（人工或自然），生长季人工割草，地面保持有一定厚度的草皮，可增加土壤有机质，促其形成团粒结构，防止土壤侵蚀，地表土流失。夏季生草可防止地温过高，保持较稳定的地温。

免耕法：不进行中耕除草，采用除草剂除草。常用于生长季的除草剂有草甘膦等。在杂草发芽前喷氟乐灵等芽前除草剂，再覆盖地膜，可以保持较长时间地面不长杂草。

深翻法：一年至少两次，一次在萌芽前，结合施用催芽肥，全园翻耕，深度为15～20厘米，既可使土壤疏松，增加土壤氧气含量，又可增加地温，促进发芽。第二次是在秋季，结合秋施基肥，全园翻耕，尽可能深一点，即使切断些根也不要紧，反而会促进更多新根生成。注意这次深翻宜早不宜晚，应当在早霜来临前一个半月完成。深翻可提高土壤的空隙度、增加土壤含水量、改善土壤结构、促进微生物生长、有利于根系生长，所以除了在建园时对定植穴内的土层进行深翻改良外，定植后仍应逐渐对定植沟外的生土层进行深翻熟化。

深翻的时间应根据各地生态条件而定。北方冬季寒冷地区，春天干旱，以在秋季落叶期前后深翻为宜。秋季深翻，断根对植株的影响比较小，且易恢复，可以结合施基肥进行，对消灭越冬害虫和有害微生物，以及肥料的分解都有利。也可以在夏天雨季深翻晒土，可以减少一些土壤水分，有利于枝蔓成熟。南方各省气候温和，一年四季都可进行。

深翻方法因架势等有所不同。篱架栽培时，在距植株基部50厘米以外挖宽约30厘米的沟，深约50厘米，幼龄园或土层浅或地下水位高的果园可相对浅些。可以采取隔行深翻，逐年挖沟，以后每年外移达到全园放通。对沙砾土或黏重土，在深翻的同时，可以同时进行客土改良（将优质沙壤土或园田壤土拌上有机质、有机肥料填到深翻沟中）。

深翻后2～3年穗重增加，产量也增加，着色好，糖度升高，成熟期提早。

但深翻后造成较大量的断根，一般占植株总根量的6%～10%，这种断根的影响在深翻当年或第二年在新梢的伸长量和单穗重上有所表现。但深翻的目的是改良土壤的物理性质，并能使根恢复功能，所以不应把少量断根过于放在心上。另外，深耕应靠近根层开始，只对无根的地方进行深翻，效果不会明显，所以深翻前应确认根系分布情况，但应注意尽量少伤大粗根。

（6）花后对果穗进行套袋，可保护果实，避免病菌侵入。

（7）设施栽培、避雨棚模式栽培可以有效减轻发病。

18. 白腐病的药剂防治如何进行？

土壤消毒，对重病果园要在发病前用 50％福美双粉剂、硫黄粉、石灰粉按 1∶1∶2 的比例混合均匀，撒在葡萄园地面上，每亩 ＊ 撒 1～2 千克，或用五氯酚钠 200 倍液喷洒地面，可减轻发病。

葡萄出土后，首先喷 1 遍 3 波美度石硫合剂，花前喷 1 次波尔多液。

葡萄萌发 3～5 叶时，开始结合防治其他病害，每隔 7～10 天喷药 1 次，尤其是雨后更要加强喷药保护，可选用 32.5％嘧菌酯·苯醚甲环唑悬浮剂 2 000 倍液、10％苯醚甲环唑水分散粒剂 2 000～3 000 倍液、50％多菌灵可湿性粉剂 600 倍液、70％甲基硫菌灵可湿性粉剂 700 倍液、80％代森锰锌可湿性粉剂 800 倍液。在果实生长基本停止后，可采用腈菌唑、氟硅唑、丙环唑、烯唑醇等药剂进行喷施防控。

19. 为什么对白腐病的防治要强调彻底清洁田园和土壤消毒？

葡萄白腐病病原是以分生孢子器和菌丝体在病果、病枝蔓、叶片等病组织中越冬。因此，每年散落在土壤中的病残体大量积累，成为下一年的初次侵染源。所以，彻底清洁田园，把枯枝落叶等病残体清除出园外并烧毁，便可减少第二年的初侵染机会。

＊ 亩为非法定计量单位，15 亩＝1 公顷。

土壤处理的目的也是为了减少土壤中的侵染源。主要从两个方面进行：即土壤消毒和土壤隔离。土壤消毒就是对土壤表面喷布杀菌力强的杀菌剂，以杀死地面的病原菌，减少侵染源。土壤隔离就是对地面覆盖地膜或柴草，目的是使土壤中的病原菌与树体隔离，防止土壤中的病原菌随雨滴反溅或随气流传播到树体上，以减少发病的机会。

20. 防治葡萄白腐病的关键时期在什么时候？

葡萄白腐病在生长季节均可发病，葡萄园里普遍残存着大量的病原菌，只要湿度能够满足，就能通过伤口侵染发病。所以说，从春天到秋天，都是防治葡萄白腐病的关键时期。而暴风雨和冰雹给葡萄造成大量伤口并产生葡萄白腐病侵染所需要的湿度，这就为葡萄白腐病的发生提供了更好的条件。因此，防治葡萄白腐病应特别关注以下两点：

（1）白腐病发生早晚与5～6月的降雨早晚及降水量有直接关系。因此在每次降雨后（5毫米以上）及时喷内吸治疗性杀菌剂，以后按一定间隔期喷杀菌剂。

（2）在遇有暴风雨和冰雹及对葡萄有损伤的天气时，应同时喷施杀真菌、杀细菌药剂进行防治。在夏季，白腐病侵染后的潜伏期一般为5～6天。因此，必须在潜伏期结束前进行防治。

21. 为什么立架式比棚架式栽培葡萄白腐病发生严重？

我们知道，葡萄白腐病的病原菌是在土壤中的残枝病叶上，通过农事作业、风吹雨溅，侵染果穗发病的，所以距离地面越近越易受到病原菌的侵染。近年来，为了追求高产、快速丰收，果农尽可能地多保留果枝和果穗，有的甚至把果穗留在地表。果园地面潮湿不通风，病原菌多，果穗就容易发病。所以，我们提倡尽可能高位留果穗，而棚架式种植模式，葡萄大部分果穗是在架上形成的，自然通风透光，小气候干燥，留果部位上移，不利于葡萄白腐病的发生。因此，棚架式栽培比立架式栽培葡萄白腐病发生轻。

22. 为什么当我们发现葡萄果粒发生白腐时葡萄穗内已有病了？

葡萄白腐病在有雨和露水时即可侵染葡萄植株，葡萄穗一般内部穗轴、果梗比外部的果粒更潮湿。而且葡萄果穗内部还存有各种分泌物，有时昆虫也可以在葡萄果穗内部为害造成伤口。所以一般葡萄果粒上发现白腐病时，是从内部先发病，然后再发展到葡萄果粒上的。当我们发现葡萄果粒上发生葡萄白腐病时，葡萄果穗已由内向外开始烂了。也就是说已是晚期了，只有剪掉整个果穗才能防止再次传染其他健康葡萄果穗。

23. 葡萄炭疽病与白腐病发生的区别是什么？

葡萄炭疽病的发病时间是在葡萄果粒的糖度增大后，接近成熟期才见病，我们看到的是葡萄果粒已烂，而葡萄果梗还新鲜健康。而葡萄白腐病的发生不需要葡萄的糖度增大，发生时对葡萄果粒糖度要求不同，是葡萄炭疽病与白腐病发生的重要区别。

24. 为什么每次大的风雨之后都要喷药防治葡萄白腐病？

在生长季节里，每次暴风雨均可对葡萄整个植株造成伤害，大风使枝与枝、叶与叶、葡萄植株与棚架相互碰撞，给葡萄植株造成大量伤口，伤口处的植株的体液外渗，为葡萄白腐病的侵染提供了有利条件。在短时间内葡萄白腐病病原菌在多数伤口处进行侵染，日后肯定会出现大量发病，这就是为什么风雨过后及时喷药防治葡萄白腐病的必要性。

25. 风雨过后喷什么药剂和采取什么措施防治葡萄白腐病?

每次风雨后,在天气晴朗时首先要把田间地表的葡萄叶子、枝蔓及烂穗拣除,把枝蔓上的烂果穗剪掉,随后进行喷药防治,一般可选用 32.5%嘧菌酯·苯醚甲环唑悬浮剂 2 000 倍液、10%苯醚甲环唑可分散粒剂 1 500 倍液、25%苯醚甲环唑·丙环唑乳油 3 000倍液等,用药时一定要雾滴小、喷雾均匀周到,上、下、内、外一定要均匀着药,千万不能漏喷。因为这时整个葡萄植株有很多处伤口,通过风雨的传播,葡萄白腐病菌非常容易在伤口处侵染,没有药液的保护,一定会感染发病,通常相隔 5～7 天再喷 1 次药,这样可减轻葡萄白腐病的发生。还需要注意的是,每天都要到田间看一看,检查是否有新的病穗、病枝发生,发现后要及时除掉,减少再次侵染。

26. 葡萄封穗期药剂不易渗透到果穗内部怎么办?

葡萄到封穗期也是葡萄白腐病发病高峰期,这时的葡萄果穗很紧密,果粒与果粒之间基本没有空隙,果穗内部不通风,药剂也不易渗透进去。果穗内部通常潮湿,有些昆虫还在果穗里面活动,造成伤口,这就给葡萄白腐病发生提供了条件。一般喷药和阴天下雨不同,下雨往往是几天雾气朝朝,水分可渗到果穗内部,而喷药是晴天,在很短的时间进行,喷药后一般很快就干燥,药液还未到果穗内部就已挥发了,果穗内部很少能进入药液。所以喷药时一定要加入展着剂,最好的展着剂是有机硅,在配好的药液中加入有机硅展着剂 3 000 倍液,或 100%植物精油,加入展着剂的药液可迅速渗透到葡萄果穗内部,形成药膜,起到治疗和保护的作用。

27.　架式葡萄，坐果部位提高了，葡萄白腐病仍很严重，是什么原因？

　　葡萄白腐病的病原菌绝大部分是在土表或土壤中，下雨时通过溅射到葡萄果穗和蔓上引起发病。将葡萄蔓埋在土壤中防寒时，有一部分在土壤中越冬的病原菌就沾在葡萄蔓上，第二年随着葡萄上架病原菌被带到葡萄架上。还有一些病原菌是上一年的病残体，秋季落架时未把它们修剪下架，一直保留在棚架上。这些病原菌即使不太多，也是一种危害极大的因素，一旦有风雨，这些病原菌便由上到下喷溅，致使葡萄整株带菌，各个部位均可发病。所以说，秋季葡萄园要及时清理，在葡萄发芽前喷杀菌剂是必不可少的。正是因为忽视了这一次用药，才会造成棚架种植模式葡萄白腐病也发病严重。近年来，提倡葡萄发芽前喷 25％丙环唑乳油 3 000～5 000 倍液，喷药时要认真、仔细、周到，使葡萄老蔓的粗皮翘缝内都喷上药，这样才有好的防治效果。我国北部葡萄产区，大部分春季干旱风大，如果喷药不认真，只是迎风面有药，而背风面却不着药液，葡萄植株着药面积基本上为 50％。也就是说，葡萄白腐病病原菌有半数还在老蔓上残存，残留的病原菌遇雨水后同样会引起葡萄白腐病大发生。

28.　当年新蔓白腐病发病部位为什么都在基部？

　　葡萄白腐病的发生首先是要有水来参与。葡萄的新蔓一般是向上生长，其表面由雾、露、雨等集结的水分向葡萄蔓的基部流下并存集，这样就给葡萄白腐病的发生创造了条件。尤其是新蔓弯曲后向上生长的，弯曲蔓的下面更容易发病。所以，在喷洒药剂防治葡萄白腐病时，新梢基部及蔓的弯曲面是重中之重。在田间，看到病枝及时剪除，也是防止葡萄白腐病再侵染的重要措施之一。

29. 喷药防治葡萄白腐病时，除地上部喷农药外，为何地表也要喷？

葡萄白腐病的病原菌是随着病残体在土壤中残存的，残存在土壤中的病菌 6～7 年还有侵染能力，也是引发葡萄白腐病的主要菌源。所以，每次喷药都需做地表消毒。一是减少土壤中的菌源，二是在土壤表面形成一层药膜，不让病菌向上传播，从而减少葡萄白腐病发生机会。

30. 葡萄种植新区，为什么第一年就发现了葡萄白腐病？

从未种植过葡萄的地块，新建成的葡萄园，要对引进的葡萄种苗提高警惕。新种植葡萄的地区一般没有葡萄白腐病病原菌，但不能保证引进的葡萄苗木不带菌，因为培育葡萄苗木的基地大部分是连续多年培育葡萄苗，其土壤和苗木上都存有大量病菌，即使是新地块育苗，所用的接穗也是从成株葡萄上剪下来的，不可避免地带上病菌，扦插育苗时也自然会出现病苗，出售苗木时，那些初发病或带有病菌还没发病的苗木不易被发现，也就随健苗一起种植到新种植区了。这样，新植葡萄园也有病苗了。

新区发展葡萄园，引种苗木把关很关键，一定认真仔细挑选健康无病苗木，定植时对葡萄苗木整体消毒，可用 25% 丙环唑乳油 2 000 倍液浸苗 2～3 分钟，栽植到田间里也要经常观察，如发现病苗、死苗、弱苗要及时拔除，再将这些苗烧掉深埋，避免传染其他健康苗木。

葡萄黑痘病

31. 黑痘病症状是什么样?

葡萄新梢、叶柄、卷须感病后,出现圆形或不规则形褐色小斑,渐呈暗褐色,并易开裂(彩图 14)。严重时,数个病斑连成片,导致病部以上的组织枯死。穗轴和果柄感病后中部凹陷,呈黑褐色坏死斑(彩图 15)。果粒上形成鸟眼状黑褐色病斑(彩图 16)。常使小分穗甚至全穗发育不良,甚至枯死。

32. 黑痘病在生长季节哪一时期发生最严重?

葡萄黑痘病从春季到秋季每个季节都发生严重,尤其新生器官上最易感病,前期枝蔓上发病后,枝蔓不能正常生长,枝条延长不了,影响整个树冠的形成,果穗停长,减产,严重时绝收。葡萄苗发病后,培育不出正常的苗木。后期在果粒上形成鸟眼一样的病斑,造成葡萄果品品质下降,以至于不能正常出售。有些红提葡萄品种采用果穗套袋,因套袋前没有防治好,到采收摘袋时会发现果粒发病,不能收到正常产品。

33. 怎样防治葡萄黑痘病?

葡萄黑痘病在我国南方地区,如四川、重庆、湖北等地每年均有大发生,根据葡萄黑痘病在整个生长期均可发病的特点,在防治上我们提倡从春季葡萄发芽到秋季采收,整个季节都作为防治的重要时期,每 8~10 天要喷 1 次保护剂或治疗剂,交替使用农药。萌芽前喷 3~5 波美度石硫合剂,花前、花后可选用 80% 代森锌 600 倍液、80% 代森锰锌 800 倍液、10% 苯醚甲环唑 2 000 倍液、77% 硫酸铜钙可湿性粉剂 500 倍液、25％腈菌唑可湿性粉剂 1 000 倍液、25％丙环唑乳油 2 000 倍液等，上述药剂交替使用，可以兼治黑痘病和房枯病。喷药前把葡萄黑痘病发生严重的病叶、卷须、小叶片、穗摘除，然后再喷农药，否则效果不好。另外，严格掌握好喷药质量，雾滴细小、周到，内外、上下均要着药，才能有好效果。

34. 为什么黑痘病在培育的葡萄苗上比在生产上的大树藤上发生重？应采取什么措施？

一般葡萄育苗每年都是在同一块苗圃田，育苗田的土壤中会存有大量的病原菌，也就是人们常说的病窝区；同时，一般育苗田墒情好，水分多，小气候湿润，有利于发病，这样也就给发病和发重病创造了条件。另外，苗木或插条自身带的病原菌也是不可忽视的，扦插前一定要做好消毒，可把枝条在 10％苯醚甲环唑可分散粒剂 1 000 倍液或 25％丙环唑乳油 1 000 倍液中浸泡 3～5 分钟，也可用 3％～5％硫酸铜液浸泡 3～5 分钟。扦插发芽后每 7～10 天要喷 1 次 50％多菌灵可湿性粉剂 600 倍液，或 77％硫酸铜钙可湿性粉剂 500 倍液，或 80％代森锰锌可湿性粉剂 500 倍液保护。苗秧长到 0.3～0.5 米时，可喷 25％嘧菌酯悬浮剂 1 500 倍液，该药剂在防病的同时还具有促进生长的作用。也可喷 32.5％嘧菌酯·苯醚甲环唑悬浮剂 2 000 倍液或 10％苯醚甲环唑水分散粒剂 1 500～2 000 倍液。需要注意的是，苗木过小时不宜喷唑类农药，该类农药使用浓度高时，一般有抑制生长的作用，不利于培育大苗。

葡萄白粉病

35. 葡萄白粉病在我国哪些地区发生严重？

葡萄白粉病在我国各葡萄产区都有发生，以华北的河北、山

东，西北地区陕西的秦岭北麓及新疆等葡萄产区发生较重，广东及
华东等地偶有发生，危害不大。

36. 白粉病的症状是什么样?

白粉病可为害叶片、枝梢及果实等部位，以幼嫩组织最易感
病。其症状如下：

叶片受害，在正面产生不规则形大小不等的褪绿或黄色小斑块
（彩图17）。病斑正反面均可见覆有一层白色粉状物（彩图18），这
是病菌的菌丝体、分生孢子梗和分生孢子，严重时白粉状物布满全
叶，叶面不平，逐渐卷缩枯萎脱落。有的地区，发病后期在病叶上
可见到分散的黑色小粒点（彩图19），这是病菌的有性世代闭囊
壳，多数地区不常见。

新梢、果梗及穗轴受害，初期表面产生不规则斑块并覆有白色
粉状物（彩图20），可使穗轴、果梗变脆，枝梢生长受阻。

幼果受害，先出现褪绿斑块，果面出现星芒状花纹，其上覆盖
一层白粉状物，病果停止生长或畸形，果肉味酸；开始着色以后的
果实受害后，除表现相似症状外，在多雨情况下，易发生纵向开裂
而易受腐生菌的后继侵染导致腐烂。

37. 适宜白粉病的发生条件有哪些?

葡萄白粉病由葡萄钩丝壳菌寄生引起。病菌以菌丝体在枝蔓的
被害组织或芽鳞中越冬，第二年环境条件适宜时形成分生孢子，借
风力传播，直接侵入寄主。华北地区每年7月上旬开始发病，7月
下旬进入盛期；华中地区发病较早，6月上旬即开始发病，7月上
旬发生最盛。高温干旱的夏季闷热天气有利于病害的发生和流行。
气温在29～35℃时，病害发展最快。设施栽培中白粉病是主要的
病害。嫩叶及幼果易感病，老熟叶片和果实着色后很少发病。栽培

管理措施与病害发生的轻重有密切关系。如栽植过密，氮肥过多，蔓叶徒长和通风透光不良的环境条件，有利于发病。所以，采用避雨栽培的葡萄夏季主要病害为白粉病。

38. 白粉病菌是怎样侵染的？

白粉病菌的生长和发育要求较高的温度，最适温度为 25～28℃，在 37～40℃的高温中，菌丝和分生孢子都不能存活太久。白粉病菌是一种最能耐旱的真菌，虽然较高的相对湿度利于其分生孢子的萌发和菌丝生长，但在相对湿度低到 8％的很干燥条件下，其分生孢子也可以萌发；相反，多雨对白粉菌反而不利。分生孢子在水滴中会因膨压过高而破裂。白粉病菌为表皮直接侵入的表面寄生菌，寄主表皮组织的机械强度与其抗性有密切关系。凡栽培过密，施氮肥过多，修剪、摘副梢不及时，枝梢徒长，通风透光状况不良的果园，植株表皮脆弱，易受白粉菌侵染，发病较重；植株如受过干旱影响，表皮细胞压低，也易受白粉菌侵染发病较重。不同的葡萄品种感病程度有很大差异，欧洲种葡萄和亚洲种高度感病；美洲种较少感病。葡萄育种专家已经把欧洲种葡萄和美洲种葡萄杂交，获得了各种不同程度抗性的杂交种。

39. 怎么防治葡萄白粉病？

防治葡萄白粉病应采取以下措施：

(1) 加强栽培管理： 增施有机肥，提高植株抗病力，要注意及时摘心、绑蔓和剪副梢，使蔓均匀分布于架面上，保持通风透光良好。冬季剪除病梢，清扫病叶、病果，集中烧毁。

(2) 喷药保护： 一般在葡萄发芽前喷 1 次 3～5 波美度石硫合剂。发芽后喷 0.2～0.3 波美度石硫合剂、10％苯醚甲环唑水分散粒剂 1 200 倍液、25％嘧菌酯悬浮剂 1 500 倍液、25％吡唑醚菌酯乳油 1 500 倍液等。丙环唑、烯唑醇、腈菌唑、氟硅唑等药剂在葡萄生长后期白粉病发病严重时也有良好的防治效果。

40. 白粉病在果穗上发生后，为什么几次喷药都没有彻底治好？

在治疗葡萄白粉病时，首先应选择对路农药，一般多菌灵、甲基硫菌灵对葡萄白粉病效果差，唑类杀菌剂效果好。在我国北方，6～7 月干旱少雨、气温适中，非常适合白粉病菌生长和病害的发生。在生产中，有时果农喷施药液雾滴过大，喷药像下雨，不是喷不到病斑就是喷到病斑上后药液迅速流失，不能达到菌丝内部，导致仅仅是外表菌丝死亡，而内部菌丝仍然快速生长，结果喷药防治后过几天又会长出新的菌丝来。

要想比较彻底地治好葡萄白粉病，首先要选择适宜的喷药设备。喷雾器应压力均匀、雾滴小，让雾滴均匀着落在叶片表面。同时，建议在杀菌剂药液中加入洗衣粉或有机硅展着剂 3 000 倍液，能达到较好的防治效果。

41. 白粉病为什么在我国西北部发生严重，而南方相对来说发生轻？

这是因为葡萄白粉病更适合在干旱或半干旱地区发生，它的病菌孢子萌发不需要有更大的湿度。相反，水分过多，可以导致孢子吸水过多发生破裂死亡。从这一点上说，该病与霜霉病、炭疽病不同。正是因为这点不同，我国新疆、甘肃一带葡萄种植区，每年葡萄白粉病大发生，而葡萄炭疽病、灰霉病则相对发生较轻，这也同时说明炭疽病、灰霉病需要较高的湿度环境才能发生。

葡萄霜霉病

42. 葡萄霜霉病的症状特点是什么？

葡萄霜霉病主要为害叶片，也能侵染卷须、花穗和果实等绿色幼嫩组织。

枝梢、叶片感染霜霉病，初期产生半透明水渍状不规则形病斑，渐扩大为淡黄色至黄褐色多角形病斑（彩图 21）。环境潮湿时，病斑背面产生一层白色的霉层（彩图 22）。后期病斑干枯变褐，病叶易提早脱落。嫩梢、花梗、卷须、叶柄发病，与之相似，但病梢停止生长，甚至枯死。

果梗受害变黑褐色坏死（彩图 23），极易引起果粒脱落，环境潮湿时，果梗上也产生白色霉状物。

幼果染病，病部呈淡褐色软腐，并生有白色霉状物（彩图 24）。染病果粒后期皱缩脱落。有时感病的部分穗轴或整个果穗也会脱落（彩图 25）。

43. 什么条件下易发生葡萄霜霉病？

葡萄霜霉病菌主要以卵孢子随病残组织（主要以病叶为主，有时也在病果或病枝上）在土壤中越冬，可以存活 1～2 年。暖冬时也可附着在芽上或挂在树上的叶片内越冬。翌年春天气温超过10℃时，卵孢子遇降雨可产生性孢子，借风雨传播到绿色组织上，由气孔、水孔侵入，引起初次侵染。病菌孢子反复不断地侵染，造成病害大流行。在最适合的温度 25～30℃、空气相对湿度 70％以上的条件下，病菌大约只需 3 小时就可以侵染到植物体内，病害经过一个循环仅需要 4 天的时间。土壤湿度大或空气湿度大的环境条件均有利于霜霉病的发生。

降雨是引起病害流行的重要因子。病菌孢子囊的形成、萌发和游动孢子的萌发、侵染均需要有雨水、雾水和露水时才能进行。因此，在低温潮湿的环境条件下，易引起病害的发生和流行。

葡萄不同的品种对霜霉病的感病程度不同，欧亚种葡萄高度感病，美洲种葡萄、沙地葡萄、心叶葡萄较抗病。

44. 怎样防治葡萄霜霉病?

防治葡萄霜霉病应采取以下措施:

(1) 选用抗病品种：通过杂交和嫁接尽可能地选用美洲系列的品种，因美洲种葡萄较欧洲种的抗病，如品种康拜尔、摩尔多瓦。

(2) 加强葡萄园管理：春、夏、秋季修剪时应剪除病枝、病蔓、病叶；早期架下喷石灰水杀死病残体中的病原菌；提高结果部位及棚架高度，及时摘心，中耕除草，园内通风透光，适当增施磷、钾肥。

(3) 喷药保护：铜制剂是防治霜霉病的良好药剂。在发病前，结合防治其他病害，可喷布 1：0.7：200～240 倍的波尔多液、80％代森锰锌可湿性粉剂 600 倍液或 80％代森锌可湿性粉剂 500 倍液。抓住病菌初侵染的关键时期喷药，每隔 10～15 天喷 1 次，以上药剂可交替使用，连续 3～5 次，叶片正面和背面都要喷均匀，才能取得良好的防治效果。发现病叶中心点后立即开始喷施 80％三乙膦酸铝可湿性粉剂 300～400 倍液，或 68％金甲霜灵·锰锌可湿性粉剂 600 倍液，或 50％克菌丹可湿性粉剂 400～500 倍液。雨季到来时，可以考虑 25％嘧菌酯悬浮剂 1 500 倍液与 72％霜脲·锰锌可湿性粉剂混用综合有效防控霜霉病的流行。也可采用 25％嘧菌酯悬浮剂 1 500 倍液加 68.75％氟吡菌胺水剂 1 000 倍液，或 18.7％烯酰吡唑酯水分散粒剂 600 倍液，或 10％氟噻唑吡乙酮可分散油悬浮剂喷施，每隔 10 天左右选喷上述药剂 1 次，可交替使用，连喷 3 次左右，不仅能控制住霜霉病的发生，也能兼治白粉病、黑痘病等。当病害得到控制以后，恢复到 15～20 天喷 1 次药。

45. 何时是防治葡萄霜霉病的最佳时期？

花前花后是防治葡萄霜霉病的最佳时期。此时是病原菌初侵染期，喷药可以降低菌源，因此也是一年中重要的防治时期。

夏末秋初，是适宜葡萄霜霉病侵染的低温高湿的季节。葡萄霜霉病真正流行一般在 8～9 月。此时夜间有利于结露，昼夜温差大，这种环境非常有利于葡萄霜霉病的发生，因此也是防治的关键时期。

46. 每 7～8 天喷 1 次药，怎么还会发生葡萄霜霉病？

葡萄霜霉病是借风、雨传播，在生长季节叶片上有水的情况下，没有药剂保护随时都会侵染引起发病。一般初期，我们会选择一些保护性杀菌剂如代森锰锌等，而这些药剂没有内吸作用，只是对植株的表面起到保护杀菌作用。喷药技术不好，喷洒药剂不均匀，没有形成很好的保护层，留有漏喷的叶片或枝干部位，形成无药保护的裸露区，病菌就很容易侵染，导致病害再次发生或严重发生。所以，每次喷药的质量非常重要，一定要把葡萄植株的各个器官，即叶片的正、反面，树体的内、外、上、下全喷到，使整个植株被一层药膜保护起来，让病菌没有站脚侵染的地方。还要求喷的药液一定要形成雾状，不能像下雨一样，雾化后的药剂才能更好地附在植株表面，起到保护作用。可见，好的药剂还要有好的施药技术才能得到好的防治效果。

47. 为什么喷药后葡萄霜霉病的白色霉状物已变色死亡，第二天又会长出新的病菌？

葡萄霜霉病病部喷上保护性杀菌剂后，一般很快就起作用，杀死表面上的菌丝和孢子。但是，保护性药剂只能杀死植株表面上层的菌丝和孢子，而病斑内层的菌丝是侵染到叶片内部的，而大部分药剂落到病斑上却未能深入到病组织内部，结果是表面一层病菌被杀死，而内部的病原菌仍然在繁殖。这样，就造成表面的病菌已被杀死，而未被杀死的内层病菌生长又露出表面来，又形成新的白色霉状物。

48. 如何才能把药剂喷到病斑内部？

要想杀死病斑内部的病菌，首先应选择具有内吸治疗作用的杀菌剂，如 68%金甲霜灵·锰锌水分散粒剂、72.2%霜霉威水剂、72%霜脲·锰锌可湿性粉剂等；其次要求喷洒药剂时必须均匀周到，植株完全由药膜覆盖，加入展着剂或加入一些洗衣粉。根据实践经验，加入有机硅类展着剂促进药剂吸收，提高防效。它除可以使药液展开成膜外，还可以辅助渗透到菌丝内部，使长出来的菌丝全部接触到药剂，达到完全彻底被铲除的目的。

49. 为什么同一株葡萄上有些叶片易发生霜霉病而有些叶片不发生？

在同一株葡萄上的叶片上感染霜霉病的程度是不一样的，一般幼叶、新叶易被侵染发病，老叶片由于蜡质层较厚，而且处于较为通风的部位，表现出较抗和耐霜霉病。基于这点我们喷药时，要对新、幼叶更加重视。同时，应对无用的幼叶和老叶及时摘除，防止新增菌源的二次侵染。

50. 春季有时果穗先于叶片发生霜霉病，为什么？

在春季，叶子还未见病，小果穗早已见病状。主要原因是近年葡萄种植面积不断扩大，设施栽培葡萄不断增加，病害可周年发生，染病的时间长，次数多，病原菌的繁衍生存也有一定的适应和变异；而葡萄种植形式以立架较为普遍，坐果部位下移，穗上的湿度相对比叶片上大，果穗内部通风差，水分不易散发，这样给霜霉病的发生提供了相对好的环境，从而霜霉病更易在穗上发生。

在防治用药时，应注重下部果穗和叶片，这些部位比上部潮湿，是防治重点。在喷药时还应注重穗内部也应均匀着药，是防治的重中之重。

51. 防治葡萄霜霉病应该使用哪些农药？

根据杀菌剂的作用可分为三种：保健性杀菌剂、保护性杀菌剂、治疗剂。发病前使用保护剂，常规的使用 80％代森锰锌可湿性粉剂 500～700 倍液、50％福美双 400～600 倍液。目前生产上常使用保健性杀菌剂 25％嘧菌酯悬浮剂 2 000 倍液、25％吡唑·嘧菌酯乳油 2 000倍液、25％双炔酰菌胺悬浮剂 1 200 倍液、60％吡唑·代森联水分散粒剂 1 500 倍液进行预防性控制。发病初期，选用 25％嘧菌酯悬浮剂 1 500 倍液与 68％金甲霜灵·锰锌 700 倍液混施，或 25％嘧菌酯悬浮剂 2 000 倍液与 25％双炔酰菌胺悬浮剂 1 200 倍液或 62.5％氟吡菌胺·霜霉威水剂混用，或 72％霜脲·锰锌可湿性粉剂 500～700 倍液、77％硫酸铜钙可湿性粉剂 500～700 倍液等。发病后期，要选用治疗剂，如 18.7％烯酰吡唑酯水分散粒剂 1 000 倍液、62.5％氟吡菌胺·霜霉威水剂 1 000 倍液、72.2％霜霉威 1 000 倍液等。不管用哪一种药防治，均要喷施周到，雾化要好，使药液全部覆盖才可取得良好的效果。

葡萄褐斑病

52. 怎样识别葡萄褐斑病？

葡萄褐斑病又叫斑点病，分大褐斑病和小褐斑病两种。大褐斑病的症状特点常因葡萄的品种不同而异。在美洲种葡萄如康拜尔、红提、摩尔多瓦的叶上呈现圆形或不规则形病斑（彩图26），边缘红褐色，中部暗褐色，后期病斑背面长出灰色或暗褐色霉状物。在欧亚种葡萄如龙眼品种上，呈近圆形或多角形病斑，边缘褐色，中部有黑色圆形环纹，边缘最外层呈暗色湿润状，直径一般在3～10毫米，一个叶片上可长数个至数十个大小不等的病斑。发病严重时，病叶干枯破裂（彩图27），以致早期落叶。

葡萄小褐斑病一般病斑直径2～3毫米，大小比较一致。病斑的边缘呈深褐色，中间颜色稍浅。后期病斑背面产生一层明显的黑色霉状物（彩图28）。这是该病的分生孢子梗及分生孢子。病情严重时，许多病斑融合在一起，形成大斑，最后使整个叶片干枯、脱落（彩图29）。

53. 褐斑病是怎样发生和传播的？

大、小褐斑病的发生规律基本一致。病原菌主要以菌丝或分生孢子在落叶上越冬。翌年春葡萄开花后，越冬后的病菌产生分生孢子梗和分生孢子。分生孢子借风雨传播，在高湿条件下萌发，由叶背气孔侵入引起初侵染。潜育期20天左右。北方地区，此病自6月开始发生，条件适宜时，可发生多次再侵染，8、9月为发病盛期。一般是近地面的叶片先发病，逐渐向上蔓延为害。

高温多雨是该病发生和流行的主要因素。因此，夏秋多雨的地区或年份发病重；管理粗放、田间小气候潮湿、树势衰弱的果园发病就重。一般美洲种葡萄易感病，欧洲种葡萄发病轻。

54. 怎么防治褐斑病？

(1) 加强栽培管理：及时绑蔓、打副梢，改善通风透光条件。

葡萄生长期要增施有机肥，促使树势生长健壮。及时排水，降低湿度。

（2）消灭越冬菌源：秋季彻底清除落叶，集中烧毁或深埋，以减少越冬菌源。

（3）喷药保护：在发病初期，结合防治黑痘病和炭疽病，喷1：0.7：200的波尔多液或80％代森锌可湿性粉剂500～600倍液，高价值的品种建议采用25％嘧菌酯悬浮剂2 000倍液进行保健性防控。每隔15～20天喷1次，连喷2～3次，可有较好防效。由于病害由下向上蔓延，所以第一、第二次喷药要重点保护下部叶片。发病后，要用10％苯醚甲环唑水分散粒剂2 000倍液，或40％戊唑醇可湿性粉剂2 000倍液，或32.5％嘧菌酯·苯醚甲环唑悬浮剂（阿米妙收悬浮剂）1 500～2 000倍液防治，一般连喷2～3次就可以控制病害的蔓延。

55. 为什么褐斑病近年来发生越来越重？

原来并不严重的褐斑病近年来已成为影响葡萄产量和品质的较为严重的病害。分析其原因如下：

近年来，随着葡萄种植面积的不断扩大，葡萄种植区域相对集中，形成连片栽培种植模式。虽然这种集中连片种植模式有利于产品销售，但是，也给病害的传播和流行创造了条件；大部分果农为了追求产量，大量使用速效氮肥，表面上看来枝繁叶茂，实际上却降低了果树的抗病性；同时，为了追求产量，保留更多的枝条和叶片，也致使田间郁蔽、遮阴，小气候潮湿，尤其近地表的老叶见不到阳光，这些都是造成葡萄褐斑病发生的有利条件。每年7月下旬至8月上旬，阴雨连绵，雾气朝朝，造成病害大流行。褐斑病连年发生，田间总体残存的病原菌基数加大，也是促成葡萄褐斑病发生越来越重的主要因素。

56. 防治褐斑病有哪些实战经验?

从用药上看,防治葡萄大、小褐斑病的常规药剂有 3％多抗霉素可湿性粉剂 600～800 倍液、5％己唑醇可湿性粉剂 1 000～1 500 倍液,还可以用半量式波尔多液防治,多菌灵的效果不太好。从防治技术上看,应强调施药技术,一定要喷施均匀周到,下部的叶片的背面更要仔细喷匀,雾滴要小,不要出现漏喷和空白区,叶片的正反面都要形成药膜,使植株整体被保护起来,让病原菌没有入侵的空隙。另一点,就是抓住"早"字,防治时间上,提倡早用药,千万别在发病后再连续多次用药。在生产中我们看到有些地方,葡萄叶片因过度用药产生灼烧性药害也阻止不了葡萄褐斑病的发生,药害产生的副作用造成大量落叶。在这里我们提醒果农,葡萄叶片发病严重时,自身的抵抗能力下降,药剂浓度过大会造成药害,从而使叶片脱落。

葡萄炭疽病

57. 怎样识别葡萄炭疽病?

葡萄炭疽病主要为害着色或接近成熟的果实。初期在果面上产生褐色水渍状小斑点,病斑扩大后凹陷(彩图 30),病斑表面着生排成轮纹状的小黑点。遇到湿度大时,病斑上流出粉红色黏液,果粒软腐易脱落。病重时,病斑可扩及全果面(彩图 31)。穗轴、蔓、叶片或卷须也可被侵染,但不表现明显症状。果梗及穗轴受害,产生暗褐色圆形病斑(彩图 32),病部以下果穗干枯脱落,叶柄上症状与果梗相同。叶片受害,多在叶缘部位产生近圆形或长圆形暗褐色病斑;空气潮湿时,病斑上也长出粉红色的分生孢子团(彩图 33)。炭疽病病果表面病菌分生孢子器呈典型的轮纹状排列(彩图 34)。

58. 炭疽病是如何发生的?

葡萄炭疽病为真菌病害。病菌在一年生枝蔓表层、病果、叶痕、穗梗及节部越冬。当来年气温高于 10℃时产生大量分生孢子,通过风、雨、昆虫传到果穗上,引起初次侵染。病菌分生孢子的扩散和传播需要靠雨水,萌发及侵入也需要较高的湿度才能完成。每次降雨后,田间就会出现一批病果。一般从 6 月中旬开始发病,7~8 月进入盛期。夏季多雨则病害发生重。如在葡萄成熟期遇高温、多雨,常导致此病害流行。管理粗放病害发生严重。

葡萄炭疽病病菌有潜伏侵染的特性。当病菌侵入绿色部分后即潜伏、滞育、不扩展,直到寄主衰弱后,病菌开始活动、扩展,孢子发芽直接侵入果皮。病菌在幼果上潜育期为 20 天,近成熟期果为 4 天。潜育期的长短除受温度影响外,与果实内酸、糖的含量有关,酸含量高病菌不能发育,也不能形成病斑;硬核期以前的果实及近成熟期含酸量减少的果实上,病菌能活动并形成病斑;熟果含酸量少,含糖量增加,适宜该病菌发育,潜育期短。所以一般年份,病害从 6 月中下旬开始发生,以后逐渐增多,7、8 月果实成熟时,病害进入盛发期。在炎热夏季,葡萄着色成熟时,病害常大流行;一般情况下,分生孢子团是一团胶质,借雨水溅散传播。因此,分生孢子的传播与萌发都需要一定的水分或降雨。田间发病与降雨关系密切,降雨后数天易发病,天旱时病情扩展不明显。炭疽病发生与日灼有关,日灼的果粒容易感染炭疽病。栽培环境对炭疽病发生有明显影响,株行过密或双立架葡萄园发病重,宽行稀植园发病轻。施氮肥过多发病重,配合施用钾肥可减轻发病。该病先从植株下层发生,特别是靠近地面的果穗先发病,后向上蔓延。沙土园发病轻,黏土园发病重。地势低洼、积水或空气不流通发病重。

59. 葡萄炭疽病发生条件是什么？

（1）**气象条件：**病菌产生孢子需要一定的温度和雨量。孢子产生最适温度为28～30℃，在上述温度下经24小时即出现孢子堆；15℃以下也可产生孢子，但所需时间较长。高温高湿条件下容易发病。

（2）**品种：**一般果皮薄的品种发病较重，早熟品种可避病，晚熟品种常发病较重。

（3）**栽培管理：**果园排水不良，架式过低，蔓叶过密，通风透光不良等环境条件，都有利于发病。

60. 如何防治葡萄炭疽病？

防治葡萄炭疽病应采取以下措施：

（1）**搞好清园工作：**结合修剪清除留在植株上的副梢、穗梗、僵果、卷须等，并把落在地面的果穗、残蔓、枯叶等彻底清除，集中烧毁，以减少果园内的病菌来源。

（2）**加强栽培管理：**生长期要及时摘心、绑蔓，使果园通风透光良好，以减轻发病。同时要及时摘除副梢，防止树冠过于郁蔽，创造不利于病害发生和蔓延的环境。注意合理施肥，氮、磷、钾三要素应适当配合，要增施钾肥，建议氮、钾比例为1∶2，以提高植株的抗病性。雨后要搞好果园的排水工作，防止园内积水。采用避雨棚架栽培可减少雨水传病机会。

（3）**喷药保护：**从园内发现病菌分生孢子开始，到采收前半月，每隔15天喷药1次，重点保护果实。可用25％嘧菌酯悬浮剂2 000倍液、14.7％吡唑联水分散粒剂1 000倍液、32.5％嘧菌酯·苯醚甲环唑悬浮剂1 500倍液、80％代森锰锌可湿性粉剂500～800倍液等轮换喷施；雨后关键期防治可喷32.5％嘧菌酯·苯醚甲环唑悬浮剂1 500倍液、25％苯醚甲环唑·丙环唑乳油

3 000 倍液、10％苯醚甲环唑水分散粒剂 1 500～2 000 倍液等交替使用。

61. 什么时候是防治葡萄炭疽病的关键时期？

防治葡萄炭疽病主要有三个关键期：春季减少病源；雨后防治切断传播途径；成熟期防止再传染。

62. 为什么葡萄炭疽病一旦发生就很难防治？

葡萄炭疽病和葡萄霜霉病不同，葡萄霜霉病是病原侵染叶片和果穗后很快发病，眼睛能看到有菌丝层出现。而葡萄炭疽病菌是从春天到秋天采收均能侵染果实，不同之处是果实变甜成熟后才引起发病，成熟前即使侵染了也不发病。有时，果实上虽没有出现病症，但实际上已是一个带病的个体，一旦近成熟期即可发病。果农们一般情况下看不到病斑，误认为不用喷药防治，而一旦发病严重就会三天两头喷药，有时果实上布满了药斑，还在继续喷，而葡萄炭疽病照样还会发生。所以，要想成熟期果粒不发病，应在春天就要重视，"早下手，早防控"是葡萄防控病害的管理原则。喷保健性、健康性预防药剂，是防控后期炭疽病的根本，如 25％嘧菌酯悬浮剂 2 000 倍液、14.7％吡唑联水分散粒剂 1 000 倍液、32.5％嘧菌酯·苯醚甲环唑悬浮剂 1 500 倍液等。每 15～20 天喷 1 次，即可预防葡萄炭疽病发生。

63. 有时 7～10 天喷 1 次治疗炭疽病的农药，仍有烂果现象，这是啥原因？

这可能是喷药选药质量问题。果农选药时，首先要选防治葡萄炭疽病的对路药剂。预防性药剂大多是保护性药剂，没有内吸性，药剂渗透不到果皮内部杀菌。如预防时大多采用77％硫酸铜钙可湿性粉剂、80％代森锰锌可湿性粉剂、80％福美双可湿性粉剂等。治疗时再用50％多菌灵可湿性粉剂、70％甲基硫菌灵可湿性粉剂等已经使用了20多年的产生了抗药性的杀菌剂效果都会不好。即使是使用了10％苯醚甲环唑水分散粒剂、25％丙环唑乳油等，不同的果农喷施后防治效果也不一样，这就是喷药质量问题。是否有少喷、漏喷的植株，或亩喷药液量不足，致使每个植株不能均匀着药液，尤其是果穗上药液的均匀周到至关重要，否则就会发生喷了药还有烂果的现象。

64. 喷药时没有漏喷，也常常会有发病的果粒，为什么？

因为葡萄粒的表面有一层果霜，这层果霜是一种保护体，它防止各种病原菌侵入，同时，它也会使喷洒的药液不易附着在果实的表面，或在果实表面上不能形成药膜，而是一个个小水珠，而小水珠与小水珠之间会有很大的空隙，这样的空隙能占全粒面积的1/2左右。这就是说，每次喷药每个果实只有一半着药，而另一半则未着药，这样就会出现没有漏喷，还会有发病果粒的现象。因此，建议喷药时加入展着剂，让药液充分附着在果粒表面，增强药剂防病的效果。

65. 怎样才能使药液在果粒表面形成一层膜，不出现雾滴与雾滴间的空白区？

一般在喷药时，要选择那些展着好、附着力强的药剂，还可以在喷药前加入一些展着剂。目前市场上最好的展着剂为有机硅，5毫升对15升水，加入后可使药剂在果粒上迅速扩展，不会出现空白区，达到预想的目的。

葡萄房枯病

66. 房枯病症状特征是什么？

葡萄房枯病又名穗枯病、粒枯病。其症状如下：

穗轴：靠近果粒的部位出现圆形、椭圆形或不正圆形病斑，呈暗褐色至灰黑色，稍凹陷（彩图35）。部分穗轴干枯，果粒生长不良，果面发生皱纹。病原菌从穗轴侵入附近果粒，产生病斑。

果粒：果面也感染发病。果粒病斑暗褐色至紫褐色。穗轴和果粒病斑表面形成稀疏的小黑点（彩图36）。病果后期变成僵果，长期残存于植株上。房枯病的病果粒不脱落。

叶：发病时出现灰白色、圆形病斑。

67. 房枯病是怎样传播的？发病条件有哪些？

房枯病病菌借风雨传播到葡萄上，引起发病。以分生孢子器和子囊壳在被害部越冬。第二年5月间，分生孢子和子囊孢子分别从分生孢子器和子囊壳内散出，高温多雨季节适宜本病蔓延。果实一般于6月下旬至7月上旬开始发病，近成熟期受害加重。

一般7～9月，气温在15～35℃时均能发病，但以24～28℃最适于发病。一般欧亚种的葡萄较感病，如龙眼等；美洲种的葡萄发病较轻，如黑虎香等。在潮湿和管理不善时，树势衰弱的果园发病较重。

68. 如何防治房枯病？

防治房枯病应采取以下措施。

（1）注意果园卫生，秋季要彻底清除病枝、叶、果等，并集中烧毁或深埋。

（2）加强果园管理，注意排水，及时剪副梢，改善通风透光条件，增施肥料，增强植株抵抗力。

（3）葡萄上架前喷洒3～5波美度石硫合剂，葡萄落花后开始喷1：0.7：200波尔多液，每15天喷1次，共喷3～5次，或选用25％嘧菌酯悬浮剂2 000倍液、32.5％嘧菌酯·苯醚甲环唑悬浮剂1 500倍液、10％苯醚甲环唑水分散粒剂1 500～2 000倍液、14.7％吡唑醚菌酯水分散粒剂1 000倍液、80％敌菌丹可湿性粉剂1 500倍液、50％多菌灵可湿性粉剂600倍液等。喷药时应注意使果穗均匀着药。发病严重的地区，两次喷药间隔时间为7～10天，发病轻的地区可适当延长。全年防治用药提倡选用两种以上药剂交替使用。应注意，幼果期和高温时期不宜使用波尔多液和乳油剂型的药剂，以免出现果锈。

葡萄蔓割病

69. 蔓割病的症状特点是什么？

葡萄蔓割病又称葡萄蔓枯病。主要为害蔓或当年生新梢。蔓基部近地表处易染病，特别是从基部发出的萌蘖枝，感病尤重。初期病斑红褐色椭圆形，稍凹陷，后扩大成黑褐色大斑。秋天病蔓表皮纵裂为丝状，易折断，病部表面产生很多黑色小粒点，即病菌的分生孢子器。主蔓染病，病部以上枝蔓生长衰弱或枯死。新梢染病，节间缩短，叶片、果穗、果粒变小，叶色变黄，叶缘卷曲，新梢枯萎，叶脉、叶柄及卷须常生黑色条斑。若冬季干旱或埋土不严，翌年春天病蔓发生纵向干裂而枯死。有时也能抽出新梢，但在1～2周内也会突然萎蔫。

葡萄蔓枯病当年枝条染病多见于叶痕处，病部呈暗褐色至黑色，向枝条深处扩展，直到髓部，致病枝枯死。邻近的健组织仍可生长，并形成不规则瘤状物，因此又称"肿瘤病"，染病枝条节间短缩，叶片变小（彩图 37、彩图 38）。

70. 葡萄蔓割病的侵染特点是什么？

葡萄蔓割病（蔓枯病）病菌从伤口侵染多年生枝蔓时，初呈红褐色，凹陷，逐渐扩大呈梭形，表面密生小黑粒点，即病菌的分生孢子器。秋后，病部纵裂呈丝状，并腐朽直到木质部，有时需要几年的时间。

分生孢子器无论是在一年生枝上还是在多年生枝上，在潮湿的情况下，都溢出白色或黄色蜷曲状或黏胶状的分生孢子角。果粒感病后，病部稍变灰色，后期密生黑色小粒点，为病原菌的分生孢子器，后逐渐干缩成僵果，近似房枯病；果梗受侵则枯死；新梢、叶柄或卷须受病后，呈现出很小的褐色病斑，逐渐发展连成一片。

71. 蔓割病是怎样传播和发生的？

蔓割病菌主要以分生孢子器或菌丝在病蔓上越冬。第二年 5～6 月，分生孢子器吸湿后，从孔口中涌出白色至黄色丝状或黏胶状孢子角，遇雨后孢子角消解，分生孢子借风雨传播到寄主上，经伤口、皮孔、气孔侵入，病菌潜育期较长，30 天左右。病菌沿维管束蔓延。菌丝在寄主体内为害韧皮部的薄壁细胞和筛管以及木质部的髓线细胞，病菌夺取寄主的养分后，病部外表呈现下陷和纵裂，需经 1～2 年后，植株才出现矮化和黄化现象，严重时全蔓枯死。多雨或湿度大的地区、植株衰弱、冻害严重的葡萄园发病重。

冬季埋土时枝蔓扭伤处和修剪时的剪口处最易感病。欧亚种葡萄发病较多，如佳里酿、龙眼、法国兰、红玫瑰等。另外，地势低洼、排水不良、土壤瘠薄、肥力不足、树势衰弱、遭受冻害或埋土时有扭伤的葡萄园发病重。

在有水滴或雨露条件下，分生孢子经 4～8 小时即可萌发，经伤口、皮孔、气孔侵入，引起发病。

72. 如何防治蔓割病?

防治葡萄蔓割病应做到以下几点：

（1）及时检查枝蔓，发现病部后，轻者用刀刮除病斑，先用利刀将病部刮除干净，直到出现健组织为止。并将病残体收集起来深埋或烧毁，重者剪掉或锯除病枝蔓，伤口用 32.5%嘧菌酯·苯醚甲环唑悬浮剂 500 倍液加 47%春雷·王铜 300 倍液混合涂抹。

（2）加强葡萄园管理，增施有机肥，疏松或改良土壤，雨后及时排水，注意防冻。冬季埋土时，加强防寒措施，防止扭伤和根部病害，减少伤口和病菌侵入的机会。增强树势，提高树体抗病力。避免扭伤和机械伤口，减少病菌侵入。

（3）药剂防治，春天葡萄上架后，可结合防治葡萄其他病害，在发芽前喷 1 次 5 波美度石硫合剂＋80%五氯酚钠可湿性粉剂 200~300 倍液，要喷均匀。在 5~6 月分生孢子散发前及时喷 1:0.7:200 倍式波尔多液 2~3 次，预防病菌侵染，或选喷 50%退菌特可湿性粉剂 600~800 倍液、14%络氨铜水剂 350 倍液，重点喷结果母枝及多年生枝蔓，或用丙环唑 3 000 倍液喷施枝蔓。

葡萄黑腐病

73. 黑腐病的症状特点是什么?

葡萄黑腐病在国内各葡萄产区都有发生，除个别地区外，一般为害不严重。有时因侵染源较多，环境气候适宜或品种易感病等原因也可造成较大的损失。

黑腐病主要为害葡萄果实，尤其是接近成熟的果实受害更重，也可以为害叶片、叶柄、新梢等部位。症状如下。

　　果粒：开始呈现紫褐色小斑点，病斑逐渐扩大，边缘褐色，中间部分为灰白色，稍凹陷。随着果实的成熟，病斑可继续扩大至整个果面，病果上布满粒粒清晰的小黑点（彩图 39），此为病菌的分生孢子器或子囊壳，病果最后变黑软腐，易受振动而脱落，病果最后失水干缩成有明显棱角的黑蓝色僵果（彩图 40）。

　　叶片：病斑多发生在叶缘处，初为红褐色近圆形小斑点，后扩大成边缘为黑色，中间为灰白或浅褐色的大斑（彩图 41），直径可达 3～4 厘米，病斑上亦长有许多黑色小粒点，排列成隐约可见的轮环状（彩图 42）。

　　叶柄或新梢：出现深褐色、长椭圆形稍凹陷的病斑，上面亦产生许多黑色小粒点，新梢生长受阻。

74. 黑腐病的病原是什么？

　　黑腐病是由真菌引起的病害。是子囊菌亚门，座囊菌目，球座菌属的真菌侵染所致。病果上产生的黑色小粒点为分生孢子器或子囊壳，而其他部位产生的黑色小粒点，主要是分生孢子器。

75. 黑腐病是如何发生和传播的？

　　黑腐病菌以子囊壳或分生孢子器在病僵果及病枝梢上越冬。次年春末夏初环境潮湿时，子囊壳吸水膨胀，不断释放出子囊孢子；分生孢子器吸水后同样放射出分生孢子，均为初次侵染的菌源。子囊孢子和分生孢子借风雨传播。分生孢子生活力强，萌发的温度范围为 7～37℃，适温为 23℃ 左右，在适宜的温、湿度范围内，经10～12 小时即可萌发。成熟的分生孢子器遇 3 毫米或更多的降雨时，即放射分生孢子。若降雨持续 1 小时以上最适于分生孢子的扩散。当气温在 26.5℃ 时，持续湿润 6 小时即发生叶部感染，但在10℃ 条件下需要 24 小时，32℃ 时需要 12 小时。

子囊孢子萌发侵染的环境条件与分生孢子相似。子囊孢子需要游离的水才能萌发，在27℃经6小时即可萌发，这也是适宜侵染叶片的环境条件。气温较低（10～21℃）则需较长的侵染时间。32℃以上侵染停止。

葡萄发病后，不断形成新的分生孢子器和分生孢子，并进行再侵染。病菌在果实上的潜育期为8～10天，叶及新梢上为20天。温暖潮湿的夏季易大发生。

76. 如何防治葡萄黑腐病？

防治葡萄黑腐病从以下两点入手。

(1) 栽培防病措施：消灭越冬菌源。剪除病穗、病梢，清扫病果、病叶，集中烧毁，以减少病菌来源。葡萄园按时喷施杀菌剂，及时剪除病枝、病果，铲除菌源。采收前1周喷1遍杀菌剂，采收时彻底剪除病果，可减轻为害。

(2) 防治要抓关键时期：在花前和刚落花后各喷1次广谱保护兼治疗性药剂，如25%嘧菌酯悬浮剂2 000倍液或吡唑醚菌酯1 500倍液等。以后结合防治其他病害每10～15天喷1次保护性杀菌剂。对于历年黑腐病发生严重的果园，除花前和花后各喷1遍治疗药剂外，还要在花后15～20天再喷1次治疗性杀菌剂，可选用32.5%嘧菌酯·苯醚甲环唑悬浮剂1 500倍液、25%嘧菌酯悬浮剂1 500～2 000倍液加30%苯甲·丙环唑乳油3 000倍液、25%戊唑醇1 000～1 500倍液等。隔15天喷1次，采收葡萄前15天停止喷药。

葡萄酸腐病

77. 如何识别葡萄酸腐病？

酸腐病是葡萄果实成熟期发生的病害。为害最早的时间，是在封穗期之后。酸腐病的典型症状可以用六句话来概括：①烂果，即发现有腐烂的果粒；套袋葡萄，如果在果袋的下方有一片深色湿润（习惯称为"尿袋"），就表明该果穗发生了酸腐病。②有类似于粉红色的小蝇子（醋蝇，长 4 毫米左右）出现在烂果穗周围。③有醋酸味。④正在腐烂的果粒内，可以见到灰白色的小蛆。⑤果粒腐烂后，流出的汁液会造成果实、果梗、穗轴等腐烂（彩图 43）。⑥果粒腐烂后干枯，干枯的果粒只是果实的果皮和种子（彩图 44）。

发病初期果粒表面出现褐色水渍状斑点或条纹。在放大镜下观看有明显的微伤口，并有汁液渗出，以后褐色斑点逐渐扩大；果粒开始变软，果肉变酸并腐烂，且有大量汁液从伤口流出。流出的汁液浸染到其他果粒进一步引起腐烂（彩图 45），最后导致整穗葡萄酸腐，病果带有酸臭味。

78. 葡萄酸腐病有什么危害？

葡萄感染酸腐病会造成果实腐烂、产量降低；果实腐烂造成汁液流失，使无病果粒的含糖量降低；鲜食葡萄受害到一定程度，即使是无病果粒，也不能食用；酿酒葡萄受酸腐病为害后，汁液外流会造成霉菌滋生，干物质含量增高（受害果粒腐烂后，只留下果皮和种子并干枯），使葡萄失去酿酒价值。

79. 葡萄酸腐病的病原菌是什么？

酸腐病是真菌、细菌、果蝇联合为害的复合病害。严格地讲，酸腐病不是真正的病害，应属于二次感染病害。首先是由于伤口的存在，从而成为真菌和细菌感染和繁殖的初始因素，并且引诱醋蝇来产卵。果蝇身体上有细菌存在，爬行、产卵的过程中又传播细菌。

引起酸腐病的真菌是酵母菌。空气中酵母菌普遍存在，并且它的存在被认为对环境非常有益。所以，发生酸腐病的病原之一的酵母菌的来源不是问题。

引起酸腐病的另一病原菌是醋酸菌。酵母把糖转化为乙醇，醋酸菌把乙醇氧化为乙酸；乙酸的气味引诱果蝇。果蝇、蛆在取食过程中接触细菌，在果蝇和蛆的体内和体外都有细菌存在，从而成为传播病原细菌的罪魁祸首。

80. 酸腐病的感染途径和发病原因是什么？

有伤口是葡萄酸腐病发生的前提。机械伤如冰雹、风、蜂、鸟等造成的伤口或病害如白粉病、裂果等造成的伤口及果蝇的存在都是发生酸腐病的有利条件。

生长调节剂赤霉素（GA）的使用浓度过大，是导致果粒皮薄易破裂、诱发酸腐病的原因之一。赤霉素的使用浓度要求为80～100毫克/千克，但是在实际生产中，有些果农为了追求经济效益，增大果粒，提高单产，随意加大赤霉素的使用浓度和使用次数，使果穗过度紧密，果粒相互挤压，个别果粒产生微伤口，最终使致病菌从伤口侵入导致发病。

过度干旱后大水漫灌，使果肉细胞的液泡吸水膨胀过快，引起果皮破裂，也是导致果穗发病的一个重要原因。

由于气候的变化，7～8月降水相对偏多，使果穗内部积水时间过长；雨后天气潮湿闷热是诱发酸腐病的主要原因。

树势弱、果园管理粗放、通风不良、架面叶层过厚、夏季修剪不及时使架面下果穗遮阴严重，湿度增高，给病菌的繁衍创造了条件，会加重酸腐病的发生和为害。

葡萄品种间的感病差异比较大，说明品种对病害的抗性有明显的差异。巨峰受害最为严重，其次为里扎马特、酿酒葡萄（如赤霞珠）、无核白（新疆）、白牛奶（张家口的怀来、涿鹿、宣化）等发生比较严重，红地球、龙眼、粉红亚都蜜、黑巴拉多、红巴拉多、

17 等较抗病。不管品种如何，发病严重的果园，损失在 30％～80％，甚至全军覆没。

品种的混合栽植，尤其是不同成熟期的品种混合种植，会加重酸腐病的发生。据观测和分析，因为酸腐病是成熟期病害，早熟品种的成熟和发病，为晚熟品种增加了果蝇和两种病原菌的发病基数，从而导致晚熟品种酸腐病的大发生。

81. 如何防治葡萄酸腐病？

防治葡萄酸腐病应坚持防病为主，病虫兼治的原则。在选择药剂上应同时能防治真菌、细菌；能与杀虫剂混合使用；同时，因为酸腐病是葡萄成熟期病害，必须选择能保证食品安全的药剂。具体防治措施和方法是：

(1) 栽培措施：尽量避免在同一果园种植不同成熟期的品种；增加果园的通透性，合理密植；葡萄的成熟期应尽量避免灌溉；合理使用生长调节剂，赤霉素的使用浓度严格控制在 100 毫克/千克以内，使用次数最多 2 次，即第一次于 5 月中旬用 80 毫克/千克赤霉素进行浸穗处理，可有效拉长穗轴，防止果穗过于紧密引起烂果；第二次于 6 月上旬用 100 毫克/千克的赤霉素溶液浸穗，刺激果粒细胞分裂，以达到增大果粒的目的；避免果皮伤害和裂果；避免果穗过紧（使用果穗拉长技术）；合理使用肥料，尤其避免过量使用氮肥等。

尽可能在行间不间作其他作物，如有间作作物，应在 7 月以前全部清除，保持行间干燥。及时清除主蔓 80 厘米以下的所有枝条，建立良好的通风带。对果园周围的农田防护林网应将 4 米以下的所有枝条全部清除，以利通风，有利于缓解酸腐病的发生为害。

(2) 化学防治：早期可以结合防治白粉病等病害进行防治，减少病害伤口；幼果期使用安全性好的农药，避免果皮过紧或果皮伤害等。这些防治措施对酸腐病的防治有积极意义。

成熟期的药剂防治是防治酸腐病的关键措施。目前，将
32.5％嘧菌酯•苯醚甲环唑悬浮剂 1 500 倍液与杀虫剂配合使用，
对果粒表面进行杀菌杀虫是酸腐病化学防治较好的办法。自封穗期
开始使用 2～3 次 32.5％嘧菌酯•苯醚甲环唑悬浮剂 1 500 倍液，
或与 77％硫酸铜钙可湿性粉剂 600～800 倍液交替使用，10～15 天
1 次（注意重点喷洒穗部，200 克可以有效控制酸腐病）。杀虫剂应
选择低毒、低残留、降解快的品种，并且要能与 77％硫酸铜钙可
湿性粉剂混合使用，并且 1 种杀虫剂只能使用 1 次。可以选用的杀
虫剂有 14％氯虫•高氯氟微囊悬浮-悬浮剂 3 000 倍液、40％氯
虫•噻虫嗪水分散粒剂 3 000 倍液、2.5％高效氯氟氰菊酯水剂
1 000 倍液等。

发现酸腐病要立即进行紧急处理：剪除病果粒，用 25％嘧菌
酯悬浮剂 1 500 倍液加 14％氯虫•高氯氟微囊悬浮-悬浮剂 3 000 倍
液，或 25％吡唑醚菌酯乳油 1 500 倍液加 2.5％高效氯氟氰菊酯水
剂 2 500 倍液刷病果穗。对于套袋葡萄，处理果穗后套新袋，而后
整体果园使用 30％噻虫嗪•氯虫苯甲酰胺 1 500 倍液杀灭果蝇。

葡萄根癌病

82. 感染根癌病的葡萄表现是什么样？根癌病是如何发生和
传播的？

葡萄根癌又名根头癌肿病，是一种细菌性病害。葡萄感染了根
癌病主要是根颈处和主根、侧根及 2 年生以上近地部受害。初期病
部形成愈伤组织状的癌瘤，稍带绿色或乳白色，质地柔软。随着瘤
体的长大，逐渐变为深褐色，质地变硬，表面粗糙。瘤的大小不
一，有的数十个小瘤簇生成大瘤，老熟病瘤表皮龟裂，在阴雨潮湿
条件下易腐烂脱落，并有腥臭味。受害植株因皮层及输导组织被破
坏，生长不良，叶片小而黄，果穗小而少，果粒不整齐，成熟也不

一致。病株抽芽少、长势弱，严重时整株干枯死亡。

根癌病病原菌随病残体在土壤中越冬，条件适宜时，通过剪口、嫁接口、机械伤、虫伤及冻伤等各种伤口侵入植株。雨水和灌溉水以及地下害虫如蛴螬、蝼蛄、线虫等是该病的主要传播媒介，苗木带菌是该病远距离传播的主要方式。病菌的潜伏期从数周到1年以上。温度适宜、雨水多、湿度大，癌瘤的发生量也大。土质黏重、排水不良以及碱性大的土壤发病重。

83. 怎样防治葡萄根癌病？

防治葡萄根癌病应从繁育无病壮苗入手，葡萄幼苗应选择无病土壤种植；扦插繁殖葡萄苗应从无病园中选取健壮枝条。苗圃发现病苗应立即拔除。

严格检疫和苗木消毒。建园时禁止从病区引进苗木和插穗，若苗木中发现病株应彻底剔除烧毁。

在田间发现病株时，可先将根周围的土扒开，切除癌瘤，然后涂高浓度石硫合剂或波尔多液保护伤口，并用1％硫酸铜液消毒土壤。对重病株要及时挖除，彻底消毒周围土壤，或春季在根部使用土壤杆菌 HLB - 2 粉剂 30～50 倍液调成糊状蘸根后定植，会有较好的防效。

加强栽培管理。多施有机肥，适当施用酸性肥料，使土壤酸碱度不利于病菌生长。农事操作时防止伤根，以减少人为传播。

葡萄根结线虫

84. 葡萄根结线虫为害有何特点？

根结线虫侵染葡萄植株根系后，地上部的茎叶均不表现具诊断特征的症状，但葡萄植株生长衰弱，表现矮小、黄化、萎蔫、果实小等。根结线虫在土壤中呈现斑块型分布；在有线虫存在的地块，植株生长弱，在没有线虫或线虫数量极少的地块，葡萄植株生长旺盛，因此葡萄植株的生长势在田间也表现块状分布。这种分布易被误认为是由其他因素造成的，如缺水、缺肥、盐过多以及其他病原等，其实这正是根结线虫为害的地上部的整体表现。从病根及其周围土壤中常可分离到数量较多的根结线虫成虫和幼虫，将这些线虫回接到寄主葡萄根部，植株表现与田间相似的症状。

根结线虫为害葡萄植株后，引起吸收根和次生根膨大和形成根结。单条线虫可以引起很小的瘤，多条线虫的侵染可以使根结变大。严重侵染可使所有吸收根死亡，影响葡萄根系吸收。线虫还能侵染地下主根的组织。

85. 如何防治葡萄根结线虫？

（1）**检疫**：首先检疫机构要严格控制线虫的传入和蔓延。果农应检查果园是否有线虫为害，采取严格措施把线虫排除在干净土壤之外。种植时应采用无线虫的带根苗木，最好是经过检疫的苗木。

（2）**药剂处理**：二溴氯丙烷具有熏蒸功能，乳剂在灌溉水中作用最好，但考虑到对地下水的不良影响，要慎重使用二溴氯丙烷。用1，3-二氯丙烷或溴甲烷（用法、用量与再植处理相同）处理新园及受线虫为害过的老葡萄园，是经济有效的方法。

（3）**再植处理**：对生产力已衰退或者不能用药剂处理的葡萄园，应考虑重新栽植。用剪刀从树冠以下剪开，把植株移走。不可用铁链拉拔植株，以免树干从上表裂断，把根系残留于土内。清园后至少休闲1年，要经1～4年无寄主的时间才能再植。土地开沟熏蒸，沟深0.8～1.5米，宽1米。新栽的苗木应是无根结线虫的。二溴氯丙烷用量为1 399.5升/公顷，施入土深0.5～1米；距离1米；溴甲烷用量为315～390千克/公顷，并用聚氯乙烯薄膜覆盖。

如不覆盖，要提高浓度，用量为 355.5～499.5 千克/公顷。沙土地要用低浓度，入土深 0.3～0.6 米，距离 1.7 米。有的用 550.5～660 千克/公顷的浓度，而不覆盖，也收到了良好的效果。用溴甲烷处理后要延迟 10～14 天栽植，如用二氯溴丙烷则需经 3～4 个月后才能栽植。要细心监视土壤中线虫的累积数，越早发现越好。为了保持低线虫量，需做药剂处理。

葡萄卷叶病

86. 如何识别葡萄卷叶病？

葡萄感染卷叶病先从基部叶片开始，叶缘向下反卷，并逐渐向其他叶子扩展。反卷后的叶片变厚变脆，叶脉间出现坏死斑或叶片干枯，叶片在秋季正常变红时间之前就开始变成淡红色。随着秋季深入，病叶变成暗红色，仅叶脉仍为绿色（彩图 46）。并且似乎有停止生长的迹象。

87. 葡萄卷叶病的病原是什么？

葡萄卷叶病是由一种病毒引起的病害。该病毒的分类、地位目前还有待于研究确定。

88. 如何防控卷叶病？

防治葡萄卷叶病应做到以下几点：

（1）从无病毒的地区购买苗木，严格遵守检疫制度。

（2）栽植脱毒苗木。

（3）药剂防治应使用 40% 吗啉胍可湿性粉剂 400 倍液灌根，时间在葡萄出土后，在距离根系 20 厘米处沿树体两侧开沟，沟深

20 厘米，然后将稀释 400 倍的药液灌于沟内，渗透后埋土。

葡萄扇叶病

89. 如何识别葡萄扇叶病毒病？怎样防治？

葡萄感染扇叶病毒病，春天新梢上的新生叶皱缩畸形，表现深绿缺刻，有时深达主脉。叶脉不对称，叶绿锯齿不规则。叶柄开张角度大，呈扇叶状（彩图 47），有时具浅绿色斑点。叶脉扭曲、明脉（彩图 48）。枝条畸形，节间短或长短不一。染病植株落花、落果严重，果穗、果粒变小，产量降低，整株生机衰退，发育不良。

防治方法：①购苗前进行病毒检测，从无病毒的地区购买苗木。②栽植脱毒苗木，建立自己的无毒苗圃。③土壤消毒，用溴甲烷或二硫化碳等消毒剂处理土壤。

葡萄皮尔斯病

90. 如何识别葡萄皮尔斯病？

葡萄皮尔斯病是一种系统性维管束病害，明显的症状是出现焦叶或干叶，患株通常发芽较晚。在生长初期，叶脉褪绿，叶片生长缓慢。在夏季中期，维管束堵塞而引起水分供应失常，可见到叶缘不对称的黄化（彩图 49），并逐渐坏死。果穗常皱缩。叶片成熟前脱落，留下叶柄完整地挂在树上，这种变化是皮尔斯病的一个诊断特征。秋天蔓成熟不均匀，留下绿色的不成熟的组织。

91. 葡萄皮尔斯病的病原是什么？是如何传播的？

葡萄皮尔斯病是细菌性病害。20 世纪 70 年代初期证明，抗生素处理可抑制症状。后来从病株中分离出来一种细菌，并回接成功。

皮尔斯病是由吸食木质部养分的害虫所传播，试验室证明，各种叶蝉、沫蝉（沫蝉科）能传播这种细菌，但在韧皮部吸食的叶蝉偶然刺入木质部组织不能传播细菌。用扫描电镜可见到传毒媒介口器的表面附着许多细菌。

92. 怎样防治葡萄皮尔斯病？

葡萄皮尔斯病的防治策略主要是：消灭传毒媒介叶蝉、沫蝉和寄主植物侵染源；用22％噻虫·高氯氟微囊悬浮-悬浮剂3 000倍液，或14％氯虫·高氯氟微囊悬浮-悬浮剂3 000倍液，或2.5％高效氯氟氰菊酯水剂2 500倍液杀灭蝉类害虫。

葡萄的检疫措施可以严格限制皮尔斯病的扩大蔓延，阻止传入新的葡萄园。因此，购买苗木或建新园应严格执行检疫制度。

葡萄储运期病害

93. 如何减少葡萄储运期病害？

由于引起葡萄储运期果实腐烂的病原主要是一些从伤口侵染的弱寄生菌，其中有些是早期侵入后，由于寄主的抗性较强而潜伏于果实内，待果实成熟时才出现症状，引致腐烂；此外，多数是在高湿度和高温、不通风的储藏条件下，利于病害发展，因此，对这类病害的防治，应以做好早期的预防工作为主。

采收前：葡萄园应进行精细管理，通过修剪清除受伤和已发病的果实；适当疏果，使果穗不要过于紧密，以防成熟前或成熟过程中，由于果粒膨大相互挤压造成果皮伤裂；在刚坐果和果实成熟时，应慎重用水，避免造成太大的田间湿度和在果实表面长时间留下自由水，而给病菌创造有利的侵染条件。此外，适当喷布一些低浓度的保护性杀菌剂。

采收时：采收过早，果实含糖量低、酸度高，会影响果实的品质和产量；采收过晚，有些品种易出现落粒现象，而且果实过熟往往不利于储藏。因此，要根据品种特性、市场需求，选择适宜的采收期。由于葡萄果实皮薄汁多，采收时剪、拿、运送等操作都要十分细致小心，尽量减少损伤，防止擦去果粉。采收的时间宜选择在晴朗天气的上午或傍晚；在露水未干的清晨、阴雨天，特别是雨后烈日暴晒的情况下不宜采收，不然会降低品质和不利于储藏。

采收后：采收后应迅速将果实运送到阴凉处摊开散热，然后进行整修、分级包装。整修时应将所有病果、虫伤果和机械损伤的果实剪除，装箱后要进行预冷，以消除田间带来的热气，及降低呼吸率，还可以预防果穗梗变干、变褐及果粒变软或落粒，利于延长储存时间。储藏前用 1-甲基环丙烯熏蒸，可采用冷库整库处理方式、密封塑料帐处理方式、简易密封容器 1-MCP 处理方式（纸箱等）。可以降低果实呼吸率，减少糖分的消耗，并能较长时间保持果色和保持果穗梗的新鲜状态。

也可采用二氧化硫熏蒸。熏蒸应分次进行，初次可用 0.5% 的二氧化硫熏蒸 20 分钟，必须使二氧化硫迅速而均匀地达到每箱的每个果穗中，以确保防效而不致引起药害。再次熏蒸时，二氧化硫浓度为 0.1%，熏蒸 30 分钟。这种处理每隔 7~10 天进行 1 次。

第二章　葡萄生理病害

葡萄转色病（水罐子病）

94. 葡萄转色病（水罐子病）的症状有什么特点？

葡萄转色病主要症状表现在果穗上，一般在果实上浆后至成熟期表现症状，果穗的尖端数粒至数十粒果颜色表现不正常，在有色品种上，病果粒色泽暗淡；在白色品种上病果粒表现为水渍状，感病果粒糖度降低，味很酸，果肉逐渐变软，皮肉极易分离，成为一包酸水，用手轻捏，水滴成串溢出，故有"水罐子"之称。该病又称水红粒。在果梗上产生褐色圆形或椭圆形褐色病斑。果梗与果粒间易产生离层，使病果极易脱落。

95. 引起葡萄转色病（水罐子病）的原因是什么？

葡萄转色病（水罐子病）是一种生理病害。是由于树体内营养物质不足而导致的生理机能失调所致。

一般表现在葡萄树势弱、摘心重、负载量过多、肥料不足或有效叶面积小时；在留 1 次果数量较多，又留用较多的 2 次果时，尤其是土壤瘠薄又发生干旱时发病严重；地势低洼、土壤黏重、易积水处发病重；在果实成熟期高温后遇雨，田间湿度大、温度高，影响养分的转化，发病也重。总之，是由诸多因素综合作用所致。

96. 如何防治葡萄转色病（水罐子病）？

防治葡萄转色病应采取以下措施：

（1）加强栽培管理，适时适量施氮肥，增施磷、钾肥，提高树体抗病力。

（2）合理控制果实负载量，合理修剪，增大叶果比，以减轻该病发生。根据品种不同，可以采取冬剪时主梢多留、生长季再定新梢数量，结果母枝的数量可以综合考虑品种的结果习性、目标产量、栽植密度等诸多因素加以推算。如果品种结实能力强，梢可少留，生长旺结果枝率较低的品种，可以多留点结果母枝，抽生新梢后再去掉一些过密营养枝。所留结果母枝必须是成熟好、生长充实、无病虫、有空隙部位的枝条。对于病虫枝、过密或交叉枝、过弱枝，要逐步有计划地疏除。

（3）对主梢叶适当多留，一般留 12～15 片叶。在植株生长势弱的情况下，一般应每枝只留 1 穗果，保证果实品质。

（4）干旱季节及时灌水，低洼园注意排水，及时锄草，勤松土，保持土壤适宜湿度。

97. 成熟前和着色期间裂果是什么原因？

葡萄果实在成熟前和着实期间开裂有三种原因：一是久旱遇雨或灌水，使土壤含水量剧增，果内细胞迅速吸水膨胀，而果皮细胞膨胀缓慢，从而导致裂果。二是病虫为害所致，如白腐病、白粉病、黑豆病及红蜘蛛、蚜虫等为害，造成果面裂口。三是使用催熟剂乙烯利等的浓度过高或时期不当。

98. 如何预防裂果？

预防裂果应做好以下工作：

（1）重视浆果生长期的水分管理。特别是果实着色至成熟期，葡萄成熟前 30 天，天气干旱要及时浇水，使土壤水分处于充足而稳定的状况，降雨多时应注意及时排水，保证排水通畅。

水分管理因各地气候条件不同而异。南方葡萄生长期要做好开沟排水，深沟高垄栽培，尽量降低地下水位。梅雨季节过后如遇连续 5 天以上高温，应立即灌水，如再连续高温干旱，应视土壤墒情灌水 1～3 次。一般采用沟灌，必须夜晚灌水，水到畦面，第二天一早将水放掉。浆果着色成熟期不能灌水。

北方干旱区对水分要求更高，一般萌芽前灌足一次催芽水，特别是春季干旱少雨区，须结合施催芽肥灌透水。花期前后 10 天各灌一次透水，浆果膨大期若干旱少雨，可隔 10～15 天灌一次透水。秋施基肥后如雨量偏少、土壤干燥，可灌一次透水。但灌水应视天气情况及土壤墒情确定，遇大雨要及时排水。另外有一定条件的果园，最好采用滴灌、喷灌，高效又省水，土壤也不易板结、不易盐碱化，并可结合施肥喷药，效果明显。

葡萄是耐旱性较强的果树，在多雨地区，生长发育的大部分时期存在多湿问题，土壤水分的急剧变化也是缩果病和裂果等生理病害发生的主要原因。

沙质土壤灌水应少量多次，保水力强的黏土地，灌水时要灌透。

（2）合理用药，防治病虫害。搞好病虫测报，抓住防治关键时期，及时喷药。防治白腐病、黑豆病，可喷施 32.5％嘧菌酯·苯醚甲环唑悬浮剂 2 000 倍液、10％苯醚甲环唑可分散粒剂 1 500 倍液、25％苯醚甲环唑·丙环唑乳油 3 000 倍液、90％甲基硫菌灵 800 倍液等。防治红蜘蛛可喷施 40％四螨嗪可湿性粉剂 3 000 倍液或 20％丁氟螨酯悬浮剂 3 000 倍液。防治蚜虫可喷施 25％噻虫嗪水分散粒剂、10％吡虫啉可湿性粉剂 1 000 倍液等。

使用催熟剂乙烯利时要严格按规定进行稀释，喷布时期选择在葡萄口感略有甜味、酸度能够忍受为宜。可有效防止葡萄裂果。

在果实采收前 2～3 周，喷 0.2％氯化钙，或 0.2％氨基酸钙，或 0.5％的高能钙，或喷复合氨基低聚糖，能够防止葡萄裂果。不套袋的葡萄园要用 40％瑞培钙晶体 2 000 倍液，或 40％氨基酸钙镁 600 倍液，或 40％氨钙宝晶体 600 倍液喷雾，可防裂果，还能提高葡萄的甜度。

99. 葡萄烂果是什么原因？

葡萄烂果有很多原因，大致有以下几种情况：

（1）病菌感染。一般引起葡萄烂果的主要病害有白腐病、炭疽病，特殊年份也可能是黑腐病。

（2）营养不良，树势衰弱，偏施氮肥，缺少钾、钙及微量元素，或挂果过多，负载量大，致使植株长势弱，降低了抗病能力。

（3）气候潮湿，夏剪不及时，果园郁蔽通风透光不良，雨水过多，土壤和空气相对湿度过大，加速了病害的传播和蔓延。

100. 如何防治烂果？

防治葡萄烂果可采取以下措施：

（1）彻底清除菌源：秋后枝蔓下架前清除病残体，并将其集中烧毁。

（2）秋季埋土防寒前和春天出土后喷 70％多硫化钡 50～100 倍液，或 3～5 波美度石硫合剂加 80％五氯酚钠晶体 300 倍液喷洒藤蔓，铲除菌源，减少发病。

（3）生长季节及时摘除病叶、病果、病蔓，集中深埋。

(4) 加强果园管理：雨后及时排水、松土，防止园内湿度过大；及时绑蔓、摘心，保持架内通风透光；增施钾、钙及微量元素，喷施植物生长调节剂，提高叶片功能，增强树势，提高抗病能力；控制产量，合理负载，依照植株的生长情况确定产量，一般成龄果园亩产量应控制在 2 500～3 500 千克。

(5) 药剂防治：地面撒药消除菌源。对上年发病严重的果园，在病害发生前（6月上旬），于地面撒石灰（亩施药量约15千克）；pH（酸碱度）较高的土壤（pH 7 以上）可进行地面撒药（福美双、硫黄粉各1份，石灰2份，三者混合均匀，撒在地面上，亩用量1～2千克）；或架下喷50%福美双可湿性粉剂500～600倍液，或50%多菌灵可湿性粉剂500～600倍液均可控制来自土壤越冬的初侵染病原。

生长季节喷1：0.5～0.7：200波尔多液，每隔5～10天喷1次，保护叶片、枝蔓、果穗等，减少受侵染机会。

针对病害，及时对症喷药。果实着色后为防止农药污染果穗，可采用21%过氧乙酸500倍液或25%嘧菌酯2 000倍液。

101. 玫瑰香葡萄为何易落果和产生无籽小果？

玫瑰香葡萄从开花到花后的 30～40 天，有两个营养临界期：一是坐果营养临界期，此期营养（主要是叶片合成的有机营养）不足的话就会造成大量落花、落果，降低坐果率；二是种子发育营养临界期，此期营养不足就会造成种子败育形成无籽小果。

102. 如何避免产生无籽小果？

在加强综合管理、合理负载的基础上，采用合理的主、副梢摘心处理技术，以改善养分分配状况，使果实得到充足的营养，可减少落果和无籽小果的形成。主、副梢摘心处理，主要是对正在进行消耗性生长的主、副梢梢尖和幼叶进行控制，使节余的养分更多地流向果实。处理方法：开花前 3～4 天对生长的结果新梢进行主梢摘心，摘心部位为标准叶的 1/3 叶处；主梢摘心后顶端第一副梢每次保留 4～6 片叶反复摘心，果穗以下各节上的副梢从基部抹除，果穗以上的副梢（除顶端第一副梢外）每次保留 1 片叶反复进行摘心。

103. 葡萄果实有大小粒，穗形松散，是什么原因？

生产上造成葡萄大、小果粒的原因很多，最主要的原因是树势弱，在果实形成期营养物质不能满足果实膨大的需要。另外，缺少营养元素硼和锌均会导致葡萄出现大、小果现象。

104. 如何防止大小粒和穗形松散？

防止葡萄发生大、小果粒现象，一是要加强肥水管理，二是合理修剪，三是疏穗疏果。

施肥可分为根部施肥和根外追肥（即叶面追肥），前者一般一年需追施 4 次。

催芽促长肥：一般在发芽前 15～20 天追施，以氮肥为主，结合少量磷肥，亩施高含量的氮、磷、钾肥恩泰克 30 千克。有春旱的地方结合施肥灌足 1 次水，或用藻菌生物肥每亩 20 升。

果实膨大肥：盛花后 10 天，全园施一次氮、磷、钾全价肥，亩施硝酸钾 25～30 千克、硫酸钾或氯化钾 10～15 千克。若结合稀粪水或腐熟畜粪水更好，可开浅沟浇施，分两次施入，也可在雨前撒施根部周围后适当浅垦，使化肥掺入土壤。

着色增糖肥：以钾肥为主，每亩用硫酸钾 15～20 千克或花果宝 1～2 千克，可浇施，亦可撒施浅垦。

采果施肥：葡萄采摘后，为迅速恢复树势，增加养分积累，应早施基肥。基肥以有机肥为主，这对于建园时缺少基肥的园子尤为重要。离葡萄主干 1 米挖一环形沟，深 50～60 厘米、宽 30～40 厘米，将原先备好的各种腐熟有机肥分层混土施入，可结合亩施复合肥 20～30 千克加惠满丰 1～2 升，有小叶症或缩果病的果园再施硫酸锌和持效硼各 1 千克、腐熟有机肥 30～100 千克。南方地下水位高，可全园撒施，不必开沟，结合深翻一次，翻后土块不必打碎，待冬季果树落叶腐烂后再做畦整平。这次施肥对增加土壤肥力、促进吸收根发生、增加第二年大果穗比例效果很明显，应充分重视。

叶面追肥作为根部追肥的一个重要补充，能起到事半功倍的效果。要灵活运用，针对葡萄生长发育的不同阶段，结合对枝叶及生长势的观察，随时调整追肥种类及浓度，可迅速治疗葡萄缺素症，增加叶绿素含量，提高光合作用能力。一般叶面追肥结合植物生长调节剂混喷，效果更好。叶面追肥应注意以下几点：晴天宜在晨露干后上午 10 时前，下午 4 时后喷施；最好在无大风的阴天，注意尽量喷施在叶背处；喷施雾滴要细，喷布周到；可结合病虫害防治药剂混合喷施。

同时注意合理修剪，花量太多时应进行夏剪，疏去过密枝、弱枝；结果枝少，营养生长旺盛时，冬剪应适当加重，有疏有缩，控制花量，平衡树势。

葡萄坐果过多，树体营养消耗大，落果多，疏果可使树体负荷适当，保持树势，增强结果后劲，克服大、小果现象。此外，适量授粉、防治病虫害，选栽优质品种和施用植物生长调节剂及微量元素等，可提高坐果率，减少生理落果，克服葡萄大、小果现象。

105. 如何鉴别葡萄日灼病？

葡萄日灼病为生理性病害，主要为害葡萄果实，以朝向西南的果粒表面较易受害，受害果粒最初在果实表面出现淡褐色小斑块，后扩大成椭圆形（彩图 50）、直径 7～8 毫米、表面稍凹陷的坏死斑（彩图 51），受害处易遭受炭疽病或其他果腐病菌的侵染而引起果实腐烂，以硬核期的浆果较易发生此病。

106. 怎么防治日灼病？

防治葡萄日灼病应从以下几方面着手：

（1）加强葡萄健身栽培，选择肥沃的沙质壤土地种植。

（2）增施有机肥，避免过多施用速效氮肥，挖好排水沟，注意及时排水。

（3）注意架面管理，避免暴晒，夏剪时在果穗附近适当多留叶片遮阴。确定果穗的最佳部位。

掌握疏果疏穗及套袋时期，疏穗在全园葡萄即将开花之前进行，疏果、套袋在浆果黄豆大小时进行，此法对日灼病的预防效果为 95.2%。

覆盖遮阳网，高温期，上午 10 时放下，下午 3 时折起。

摘除病粒，受害处易遭受炭疽病或其他果腐病害侵染，应及时摘除。

107. 气灼病有何症状特点？

气灼病多在接近地面的果穗上发生，受地面的高温和施肥后的有害气体熏蒸以及热气烘烤，造成果穗脱水干缩（彩图 52）。

108. 如何防治气灼病？

留果穗时，选择有枝叶遮挡或覆盖的部位。施肥时尽量覆土深施，避免蒸发过快。注意通风、透气。避免田间小气候聚集有害气体对果穗的熏蒸为害。

109. 气灼病与日灼病有何不同？

首先，为害情况不同：气灼病一般为害靠近地面的果穗，被害果粒不仅局限在果穗的向阳面，在果穗的任何部位都有发生。日灼病被害果粒在果穗的向阳面，西南面的果穗容易受害，并且受害部位凹陷。

其次，为害程度不同：气灼病为害整个果穗和穗轴，因此，其危害程度远大于日灼病。据调查，在常规管理情况下，葡萄气灼的坏果率通常在10％～40％，而日灼的坏果率往往不超过5％。

最后，防治方法不同：对日灼来讲，除搞好合理施肥、果穗附近多留叶片或副梢遮阴、雨后及时排水外，套袋是解决问题的重要措施。而对气灼来讲，套袋却不能解决问题，一定程度上还会使袋内温度高于袋外，起反作用。因此，防治气灼的主要措施：一是尽量推迟套袋时间，二是在套袋之前饱灌1次水，三是在气温特别高的时候结合叶面施肥对架面喷雾。

110. 葡萄缺氮的症状特点是什么？如何补救？

葡萄缺氮时，叶片失绿黄化，叶小而薄；新梢生长缓慢，枝蔓细弱，节间短；果穗松散，成熟不齐，产量降低。

补救措施：发现缺氮，及时在根部追施适量氮肥，也可结合根部施肥，用叶面肥如40％氨基酸水剂600倍液、叶绿素10毫升对15升水、高浓度的螯合氨基酸颗粒10毫升对水15升喷施或根外喷肥。

111. 葡萄缺磷的症状特点是什么？如何补救？

葡萄缺磷时，叶片向上卷曲，出现红紫斑，副梢生长衰弱，叶片早期脱落，花序柔嫩，花梗细长，落花落果严重。

补救措施：发现缺磷，及时用 2%过磷酸钙浸出液或0.2%～0.3%磷酸二氢钾溶液叶面喷洒。但是最好在施底肥时一次性施足磷肥，后期补施收效甚微。

112. 葡萄缺钙的症状特点是什么？如何补救？

葡萄缺钙时，幼叶脉间及叶缘褪绿，随后在近叶缘处出现针头大小的斑点，茎蔓先端顶枯；新根短粗而弯曲，尖端容易变褐枯死。

补救措施：在底肥施用有机肥料时，拌入适量的中量元素肥（钙镁肥），如昆卡每亩施入 200～300 克。生长期若发现缺钙，应及时对叶面喷施水溶性钙肥。

113. 葡萄缺钾的症状特点是什么？

新梢生长初期表现纤细、节间长、叶片薄、叶色浅，然后基部叶片叶脉间叶肉变黄，叶缘出现黄色干枯的坏死斑，并逐渐向叶脉中间蔓延。有时整个叶缘出现干边，并向上翻卷，叶面凹凸不平，叶脉间叶肉由黄变褐而干枯。直接受光的老叶有时变成紫褐色，也是先从叶脉间开始，逐渐发展到整个叶面。严重缺钾的植株，果穗少而且小，果粒小、着色不均匀，大小不整齐。

发生的条件与原因：在黏质土、酸性土及缺乏有机质的瘠薄土壤上易表现缺钾症。果实负载量大的植株和靠近果穗的叶片表现尤重。果实始熟期，钾多向果穗集中，因而其他器官缺钾更为突出。轻度缺钾的土壤，施氮肥后刺激果树生长，需钾量大增，更易表现缺钾症。

114. 如何防止和补救葡萄缺钾？

（1）增施优质有机肥：钾肥效果必须以氮、磷充足为前提，在合理施用钾肥时，应注意与氮、磷的平衡，而钾肥又有助于提高氮肥、磷肥的效益，在一般葡萄园平衡施肥的比例是氮：磷：钾＝1：0.4：1。因此，施足优质有机肥，是平衡施肥的基础。

(2) 叶面喷肥： 在生长期对叶面喷 2％草木灰浸出液、2％氯化钾液、生物钾或螯合氨基酸等。

(3) 土壤追肥： 于 6～7 月对土壤可追施生物钾肥，每亩 10 千克，或施硫酸钾，一般每株 80～100 克，也可施藻菌水溶性钾肥，每亩 5～6 千克。

115.　葡萄缺锌的症状特点是什么？如何补救？

葡萄缺锌因缺乏程度和葡萄品种不同而症状异。在夏初，新梢旺盛生长时常表现叶斑驳；新梢和副梢生长量少，叶片小，节间短，梢端弯曲，叶片基部易产生裂纹，发育不良，叶柄洼浅，叶缘无锯齿或少锯齿；在果穗上的表现是坐果率低和果粒生长大小不一（彩图 53）。正常生长的果粒很少，大部分为发育不正常的含种子很少或不含种子的小粒果以及保持坚硬、绿色、不发育、不成熟的"豆粒"果，人们称为"老少三辈"。

发生的条件与原因：在通常情况下，沙滩地、碱性土或贫瘠的山坡丘陵果园，常出现缺锌现象。在自然界中，土壤中的含锌量以 5～10 厘米的表层最高，主要是因为植株落叶腐解后，释放出的锌存在于土表的缘故。所以，去掉表层土壤的果园常出现缺锌现象。据报道，葡萄植株需锌量很少，每公顷约需 555 克。但绝大多数土壤会固定锌，植株难以从土壤中吸收。因此，靠土壤中施锌肥不能解决实际问题。

补救措施：①改土施肥。改良土壤，加厚土层，增施有机肥料，是防止缺锌病的基本措施。②叶面喷肥。花前 2～3 周喷碱性硫酸锌，配制方法和浓度是：在 100 千克水中加入 480 克硫酸锌和 360 克生石灰，调制均匀后喷雾。③涂枝法：冬春修剪后，用硫酸锌涂抹结果母枝。配制方法是：每千克水中加入硫酸锌 117 克，随加随快速搅拌，使其完全溶解，然后使用。④喷施锌镁微肥，如螯合氨基酸·锌镁等。

116.　葡萄缺铁的症状特点是什么？如何补救？

葡萄缺铁主要表现在刚抽出的嫩梢叶片上。新梢顶端叶片呈鲜黄色，叶脉两侧呈绿色脉带。严重时，叶面变成淡黄色或黄白色（彩图54），后期叶缘、叶尖发生不规则的坏死斑。受害新梢生长量小，花穗变黄色，坐果率低，果粒小，有时花蕾全部落光。

发生的条件与原因：葡萄缺铁原因是多方面的，其中最主要的是土壤的 pH 和氧化还原过程。在高 pH 的土壤中以氧化过程为主，从而使铁沉淀、固定，是引起缺铁黄叶病的主要原因。如土壤中的石灰（钙质）过多，铁会转化成不溶性的化合物而使植株不能吸收。第二，土壤条件不佳限制了根对铁的吸收，而不一定是土壤含铁量的缺乏。如土壤黏重、排水不良、春天低温时间过长地温回升缓慢等均影响根对铁的吸收。第三，树龄和结果量对发生缺铁症有一定影响，一般是随着树龄的增长和结果量的增加，发病程度显著加重。

因铁在植物体内不能从一部分组织移到另一部分组织，所以缺铁症首先在新梢顶端的嫩叶上表现。这也是该病与其他黄叶病的主要区别之一。

补救措施：①叶片刚出现黄叶时，喷 1%～3%硫酸亚铁加0.15%的柠檬酸，柠檬酸可防止硫酸亚铁转化成不易被根吸收的三价铁。以后每隔 10～15 天再喷一次。②冬季修剪后，用 25%的硫酸亚铁加 25%柠檬酸混合液，涂抹枝蔓。③在葡萄萌芽前在架的两侧开沟，沟内施入硫酸亚铁，每株施 0.2～0.3 千克，若与有机肥混合后施用，效果会更好。

117.　葡萄缺硼的症状特点是什么？如何补救？

葡萄缺硼的最初症状是出现在春天刚抽出的新梢上。缺硼严重时新梢生长缓慢，致使新梢节间短、两节之间有一定角度，有时结节状肿胀，然后坏死。新梢上部幼叶出现油渍状斑点，梢尖枯死，其附近的卷须形成黑色，有时花序干枯（彩图55）。在植株生长的中后期表现基部老叶发黄，并向叶背翻卷，叶肉表现褪绿或坏死，这种新梢往往不能挂果或果穗很小。在果穗上表现为坐果率低、果粒大小不整齐，豆粒现象严重，果粒呈扁圆形，无种子或发育不良。根系短而粗，有时膨大呈瘤状，并有纵向开裂的现象。因缺硼轻重不同，以上症状并非全部出现。

硼以硼酸盐的形式被植物吸收，它的功能是促进新细胞的分化和调节碳水化合物的代谢。葡萄缺硼时，使细胞不能正常分化或完全形成并限制了各器官的正常生长和发育，尤其是对花粉的萌发和花粉管的发育影响较大。因此，大大降低了坐果率。硼不能从植株的老叶移动到幼叶，所以症状最早出现在幼嫩组织上。

发生的条件与原因：在缺乏有机质的瘠薄土壤和酸性土壤中易发生缺硼现象，在碱性土壤中很少发生。土壤干旱时，明显影响硼的吸收。在多雨地区的沙质土壤易使硼流失，也易表现缺硼症状。

防治措施：可在葡萄生长前期或底肥施用持效硼4～5千克，或对根部施速乐硼，一般距树干30厘米处开浅沟，每株施10克左右，施后及时灌水。于开花前2～3周对叶面喷瑞培硼或多聚硼，可减少落花落果，辅助施用腐殖酸生物菌剂，提高坐果率。

118. 葡萄缺镁的症状特点是什么？如何补救？

葡萄缺镁多在果实膨大期呈现症状，以后逐渐加重。首先是在植株基部老叶片先表现褪绿症状，然后逐渐扩大到上部幼叶。一般在生长初期症状不明显，从果实膨大期开始表现症状并逐渐加重，尤其是坐果量过多的植株，果实尚未成熟便出现大量黄叶，一般黄叶不早落。植株基部老叶叶脉间褪绿，继而脉间发展成带状黄化斑点，多从叶片的内部向叶缘发展，逐渐黄化，最后叶肉组织变褐坏死（彩图 56），仅剩下叶脉保持绿色，其坏死的褐色叶肉与绿色的叶脉界限分明，病叶一般不脱落。缺镁植株的果实成熟期推迟，浆果着色差，糖分低，果实品质明显降低。

发生的条件与原因：酸性土壤和多雨地区的沙质土壤中的镁元素较易流失，所以在南方的葡萄园发生缺镁症状最为普遍。再一个原因是钾肥施用过多，也会影响植株对镁的吸收，而造成缺镁症。

补救措施：多施优质有机肥，增强树势。勿过多施用钾肥，为满足作物的营养需求，钾、镁都应维持较高水平。钾、镁的平衡施用对高产优质有明显效果。在植株出现缺镁症状时，叶面可喷氨基酸等螯合态的叶面肥。生长季节连喷3～4次，有减轻病情的效果。也可施底肥时在土壤中开沟施入硫酸镁，每株0.2～0.3千克。

119. 葡萄缺锰的症状特点是什么？如何补救？

夏初新梢基部叶片变浅绿，然后叶脉间组织出现较小的黄色斑点。斑点类似花叶病症状，黄斑逐渐增多，并为最小的绿色叶脉所限制。褪绿部分与绿色部分界限不明显。严重缺锰时，新梢、叶片生长缓慢，果实成熟晚，在红葡萄品种的果穗中常夹生部分绿色果粒。

发生的条件与原因：缺锰主要发生在碱性土壤和沙质土壤中，土壤中水分过多也影响对锰的吸收。锰离子存于土壤溶液中，并被吸附在土壤胶体内，土壤酸碱度影响植株对锰的吸收，在酸性土壤中，植株吸收量增多。碱性土、沙土、土质黏重、通气不良、地下水位高的葡萄园则常出现缺锰症。

补救措施：增施优质有机肥，可预防和减轻缺锰症。葡萄开花前对叶面喷0.3%～0.5%的硫酸锰溶液，连喷2次，相隔时间为7天，完全可以调整缺锰状况。

第三章 葡萄害虫

葡萄毛毡病

120. 如何识别葡萄毛毡病？

葡萄毛毡病主要发生在叶片上，从春天展叶开始发生，可持续为害至落叶。发生严重时，也能为害嫩梢、幼果、卷须、花梗等。受害植株叶片皱缩、枝蔓生长细弱、穗小、粒小、产量降低、果实品质变劣，常常造成早期落叶，不仅影响当年的产量，同时削弱树势，影响花芽分化。

叶片被害后，最初于叶背发生不规则的苍白色病斑（彩图57），形状不规则、大小不等，病斑直径2～10毫米，其后叶表面形成泡状隆起（彩图58），似毛毡，因此而得名。病斑上的绒毛由白色逐渐变茶褐色，最后变为暗褐色。受害严重时，叶片皱缩，质地变厚变硬，叶表面凹凸不平，有时干枯破裂，常引起早期落叶。

121. 为什么用杀菌剂防治葡萄毛毡病不管用？

葡萄毛毡病不是病害，而是由缺节瘿螨为害所致，其症状很像病害。因此，人们习惯将其列入病害。所以喷杀菌剂防治不管用。

对葡萄毛毡病的防治应该按照防治瘿螨类害螨进行。

主要防治方法是：①秋天葡萄落叶后彻底清扫田园，将被害叶片及其病残物集中烧毁或深埋，以消灭越冬虫源。②早春葡萄芽萌动后展叶前喷 3～5 波美度石硫合剂，以杀灭越冬成虫，药液中可加 0.3％洗衣粉，以提高喷药效果。③葡萄展叶后，若发现有被害叶，应立即摘除，并喷 73％克螨特乳油 2 000 倍液，或 20％四螨嗪悬浮剂 2 000 倍液，或 30％三唑锡乳油 1 500 倍液等杀螨剂。④选取用无螨害苗木，毛毡病可随苗木或插条进行传播，最好不从为害区引进苗木，非从为害区引进苗木不可时，定植前必须先进行消毒处理，比较简便的方法是热水浸泡，把苗木或插条先放入 30～40℃温水中浸 3～5 分钟，然后再移入 50℃温水中浸 5～7 分钟，可杀死潜伏在芽内越冬的瘿螨。

122. 喷了杀螨剂防治毛毡病为什么效果不好?

毛毡病重度发生为害期一般在 6～7 月，果农往往是在 7 月才开始防治。有些果农为了方便、省力，通常将苯丁锡或三唑锡与波尔多液一起混用。而苯丁锡或三唑锡中的锡离子与波尔多液中的铜离子发生反应，致使苯丁锡或三唑锡失去了杀死螨虫的活性，喷药后也不会有效果。所以说，一般利用锡类杀螨剂防治时，必须在喷波尔多液之后 15 天以上才可使用；而喷锡类杀螨剂后，再隔 7 天以上才可以喷施波尔多液，否则就会失去防治效果，如必须使用杀螨剂时可选用其他种类替换。

123. 防治葡萄毛毡病用哪些药剂好?

一般在喷施波尔多液或铜制剂的情况下，可选择不与波尔多液或铜制剂反应失去药效的杀螨剂，如 20％四螨嗪悬浮剂 1 500 倍液、20％达螨酮乳油 1 000 倍液、1.8％阿维菌素水剂 3 000 倍液等。

124. 怎样才能有效防治毛毡病？

瘿螨通常是在葡萄叶背面的绒毛下为害，一般喷药时，药液达不到这些部位，瘿螨未能触及到杀螨剂，所以不会死亡。尤其是在叶片的凹陷处，绒毛比较多，对瘿螨保护更加严密，一般药剂均不能渗透进去。要想使药剂充分渗透，建议加入 3％有机硅助剂3 000倍液，这样才能有好的防治效果。

125. 新栽植的葡萄园防治毛毡病应注意哪些事项？

新栽植的葡萄园防治毛毡病应做到以下几点：

（1）对有毛毡病的苗木，必须经杀螨剂并加入有机硅助剂处理后才可定植。

（2）定植的葡萄苗长出新蔓30厘米左右时，连续喷两遍杀螨剂防止苗木处理时遗留的瘿螨繁殖为害，同时也阻止瘿螨传播到其他健康植株上引起再传播。

（3）新定植的葡萄园，当有外来交流参观人员时，应禁止携带葡萄接穗、茎蔓、叶片等，防止从其他园子传来瘿螨为害新园。

绿盲蝽

126. 绿盲蝽的为害特点是什么？

绿盲蝽为害葡萄，幼叶受害，被害处形成红褐色、针头大小的坏死点，随叶片的伸展长大，以小点为中心，拉成圆形或不规则的孔洞和撕裂状（彩图58）。花蕾、花梗受害后则干枯脱落整株生长畸形（彩图60），肉眼不易看见虫体。绿盲蝽虫体小，发生早，白天隐藏，夜里活动。绿盲蝽是近几年来为害葡萄的主要害虫。

127. 绿盲蝽有哪些识别特征？

绿盲蝽成虫体长约 5 毫米。前胸背板深绿色，上有刻点，前翅革质大部为绿色（彩图 61），膜质部分为淡褐色。卵约 1 毫米，长口袋形，黄绿色；卵盖乳黄色，无附着物。若虫体为绿色（彩图 62）。

128. 绿盲蝽有哪些为害习性？

绿盲蝽以刺吸式口器串食葡萄的嫩芽叶，为害初期受害症状不明显，所以，不能引起人们的重视，常常防治不及时，影响葡萄正常生长，造成损失。

绿盲蝽以卵在葡萄茎蔓皮缝和芽眼间越冬，在山东每年发生 4～5 代，以卵在园边蓖麻残茬内或附近苹果、海棠、桃树等果树的断枝上越冬。以成虫或若虫为害葡萄嫩芽、幼叶，随着芽的生长，为害逐渐加重。5 月底至 6 月初成虫从树上迁飞到园内外杂草或其他果树及棉花上为害繁殖，8 月下旬出现第四代或第五代成虫，10 月上旬产卵越冬。翌年 4 月中旬，平均气温在 10℃以上时孵化为若虫，随后变为成虫，5 月上旬葡萄新梢展叶期进入为害高峰，对叶片破坏极大，直接影响葡萄正常生长。该虫有白天潜伏，夜间活动，喜迁飞，食性杂的特点。

129. 如何防治绿盲蝽？

防治绿盲蝽应做到：经常清除园内外杂草，消灭虫源。葡萄展叶后，发现若虫为害，要立即喷药防治，一般可喷 14％氯虫·高氯氟微囊悬浮-悬浮剂 3 000 倍液，或 2.5％高效氯氟氰菊酯水剂 2 500 倍液，或 10％高效氯氰菊酯乳油 2 000 倍液。很多绿盲蝽生

活在田间地头的杂草上，喷药时应连同周围杂草全部喷到，才能有
效控制绿盲蝽的危害。

葡萄叶蝉

130. 葡萄叶蝉有什么识别特征？

葡萄叶蝉是葡萄上的重要害虫。为害葡萄的叶蝉主要有两种，
即二黄斑叶蝉和葡萄斑叶蝉，两种叶蝉常混发，对葡萄生长造成严
重危害。葡萄二黄斑叶蝉的成虫体长至翅端约 3 毫米，两翅合拢形
成两个大小不等的近圆形的淡黄色斑纹。若虫末龄长约 1.6 毫米
（彩图 63）。葡萄斑叶蝉的成虫体长 3.0～3.5 毫米，翅透明，黄白
色（彩图 64），有淡褐色的斑纹。卵乳白色，长约 0.5 毫米，长椭
圆形，稍弯曲。若虫初孵时白色（彩图 65）末龄时黄白色，体长
约 2 毫米。

131. 葡萄叶蝉的发生和为害习性是什么？

葡萄二黄斑叶蝉和葡萄斑叶蝉在整个生长期都能为害，以成虫
和若虫群集于叶片背面刺吸汁液，为害叶片。两种叶蝉喜在郁蔽处
为害，故为害时先从枝蔓中下部老叶片和内膛开始逐渐向上部和外
围蔓延。叶片受害后，正面呈现密集的白色小斑点，受害严重时，
小白点连成大的斑块（彩图 66），严重影响叶片的光合作用和有机
物的积累，造成葡萄早期落叶，树势衰退，影响当年以至第二年果
实的质量和产量。

132. 葡萄叶蝉一般什么时候发生？

二黄斑叶蝉每年发生 3～4 代，葡萄斑叶蝉每年发生 3 代，

均以成虫在杂草和枯叶中潜藏越冬。翌春，先在发芽早的苹果、梨、桃、山楂、樱桃等树上为害，葡萄展叶后，迁移到葡萄上。二黄斑叶蝉 5 月中下旬开始有幼虫出现，6 月上旬出现第一代成虫，以后世代重叠。葡萄斑叶蝉 5 月下旬出现幼虫，6 月上旬开始出现第一代成虫，8 月中旬和 9～10 月分别为第二代和第三代成虫发生盛期。两种叶蝉均为害至葡萄落叶，后转入越冬场所越冬。

133. 如何防治叶蝉？

（1）农业防治：加强葡萄园管理，改善通风透光条件。秋后及时清除园内枯叶、杂草，消灭越冬虫源。生长季节及时耕除田边地头的杂草，减少叶蝉的栖息场所。

（2）化学防治：掌握在若虫发生盛期施药，重点抓好第一代若虫的防治。发生期药剂可选择喷施 14％氯虫・高氯氟微囊悬浮-悬浮剂 3 000 倍液、2.5％高效氯氟氰菊酯水剂 2 500 倍液、22％噻虫・高氯氟微囊悬浮-悬浮剂（阿力卡）2 000 倍液、10％氯氰菊酯乳油 2 000 倍液、20％吡虫啉可湿性粉剂 2 000 倍液等喷施防治。

葡萄透翅蛾

134. 葡萄透翅蛾有哪些发生为害习性？

葡萄透翅蛾分布较广，辽宁、河北、河南、山东、山西、江苏、浙江及四川等省及京、津两市均有发生。主要为害葡萄，以幼虫蛀食枝蔓，从蛀孔处排出褐色粪便，造成枝蔓死亡。幼虫多蛀食蔓的髓心部（彩图 67），被害处膨大肿胀似瘤。致使叶片变质，果实脱落，枝蔓易折断或枯死。

135. 葡萄透翅蛾有哪些识别特征和发生特点？

成虫体长 18～20 毫米，翅展为 30～36 毫米，体蓝黑色，前翅脉为红褐色，翅脉间膜质透明，后翅膜质半透明，腹部四、五及六节中部有一明显的黄色横带（彩图 68），以第四节横带最宽。

葡萄透翅蛾在北方每年 1 代，以老熟幼虫在被害的枝蔓髓心部过冬，春季蛀一圆形羽化孔并以丝封住孔口而后化蛹，6～7 月羽化成虫。江西记载 3 月下旬化蛹。北方 4～5 月化蛹，北方蛹期约 30 天，南京记载蛹期仅 5～6 天。在上海、苏州 1 年发生 1 代。4 月上中旬化蛹；5 月 1～20 日陆续羽化为成虫，交尾产卵；5 月下旬至 7 月上旬幼虫为害当年生嫩蔓，7 月中旬至 9 月下旬为害 2 年生以上老蔓，10 月中旬起至冬眠以前，幼虫进入老熟阶段，食量加大，11 月中、下旬起在蔓髓部越冬。成虫羽化前蛹蠕动并钻出羽化孔露出头、胸部、腹部末端仍留羽化孔内而不落地，羽化后蛹皮仍留在羽化孔处。成虫多在夜间羽化，有趋光性。成虫羽化后不久即交尾产卵，卵散产于枝、蔓和芽腋间，每头雌虫约产卵 50 粒。卵期约 10 天。孵化出的幼虫多从叶柄基部蛀入新梢内为害，蛀孔处常堆有虫粪。

136. 如何防治葡萄透翅蛾？

（1）6～7 月，当发现葡萄有黄叶出现且枝蔓膨大增粗时，应仔细检查，发现虫枝剪掉并带出园外烧毁。秋季整枝时发现虫枝也剪掉烧毁。

（2）当发现有虫蔓又不愿剪掉时可将虫孔剥开，将粪便用铁丝勾出，塞入浸敌敌畏 100 倍药液的棉球于虫孔中，然后用塑料膜将虫孔堵住塞好，可杀死幼虫，或塞入 1/4 片磷化铝，再用塑料膜塞插虫孔以杀死幼虫。

（3）成虫羽化期及时喷洒杀虫剂，可选喷 14％氯虫·高氯氟微囊悬浮-悬浮剂 3 000 倍液、2.5％高效氯氟氰菊酯水剂 2 500 倍液、1.8％阿维菌素 4 000 倍液等。

葡萄根瘤蚜

137. 根瘤蚜是什么样的害虫？如何为害？

葡萄根瘤蚜是一种毁灭性害虫，也是重要的检疫对象。葡萄根瘤蚜，以若虫在葡萄主根和侧根上越冬（彩图 69）；第二年春季活动，取食后进行孤雌生殖，即不需要交配就可产卵，繁殖5～6代。葡萄根系受害后长出瘤状物，初鲜黄色，以后变褐色而腐烂。叶片受害时，在叶片背面出现很多粒状虫瘿。

葡萄根瘤蚜有无翅型（根瘤型、叶瘿型）、有翅产性型、有性型等几种形态。

根瘤型：成虫长 1.2～1.5 毫米，椭圆形，体鲜黄或淡黄色，无翅，无腹管。体背有黑瘤，头部 4 个、胸节各 6 个、腹节各 4 个。触角 3 节，第三节端有 1 感觉圈。眼由 3 个小眼组成，红色。卵长椭圆形，淡黄至暗黄色（彩图 70），若虫共 4 龄。

叶瘿型：成虫长 0.9～1 毫米，近圆形，黄色，无翅，体背无黑瘤，体表有细微凹凸皱纹。触角端部有 5 根毛。卵和若虫与根瘤型近似，但色较浅。

有翅产性型：成虫长 0.8～0.9 毫米，长椭圆形，黄至橙黄色，翅平叠于体背，触角第三节有 2 个感觉圈，顶端有 5 根毛。卵和若虫同根瘤型，三龄出现灰黑色翅芽。

有性型：雌成虫约 0.38 毫米，雄 0.32 毫米。黄至黄褐色，无翅，无口器，触角同叶瘿型。雄外生殖器乳头状，突出腹末。有翅产性蚜产出的大卵孵出雌蚜，小卵孵出雄蚜。

成、若虫刺吸叶、根的汁液，分叶瘿型和根瘤型两种。欧洲系统葡萄上只有根瘤型，美洲系统葡萄上两种都有。叶瘿型：被害叶向叶背凸起成囊状（彩图71），虫在瘿内吸食，繁殖，重者叶畸形萎缩，生育不良甚至枯死。根瘤型：粗根被害形成瘿瘤，后瘿瘤变褐腐烂，皮层开裂，须根被害形成菱角形根瘤。

138. 根瘤蚜一般在什么时候发生？有何习性？

葡萄根瘤蚜主要行孤雌卵生，只在秋末进行一次两性生殖，产受精卵越冬。生活史较复杂，概括有两种类型。①完整生活史型：受精卵在2～3年生枝上越冬→干母→叶瘿型→根瘤型→有翅产性型→有性型（雌×雄）→受精卵越冬。主要发生在美洲系统的葡萄上。②不完整生活史型：在欧洲系统葡萄上只有根瘤型，我国发生的葡萄根瘤蚜就属于这种类型。烟台1年发生8代，主要以一龄若虫在根皮缝内越冬。4月下旬至10月中旬可繁殖8代，以第八代的一龄若虫、少数以卵越冬。全年5月中旬至6月下旬和9月虫口密度最高。6月开始出现有翅产性型若蚜，8～9月最多，羽化后大部仍在根上，少数爬到枝叶上，但尚未发现产卵。远距离传播主要随苗木的调运。疏松有团粒结构的土壤发生重；黏重或沙土发生轻。

139. 怎么防治根瘤蚜？

据我们观察，沙地栽培的葡萄根瘤蚜发生极轻，可试验增加土壤的沙性。

药剂处理：可用10%吡虫啉3 000倍液灌根，或25%噻虫嗪水分散粒剂3 000倍液灌根或喷淋，或50%辛硫磷乳油每亩0.3千克拌细土25千克，撒于树干周围然后深锄入土内。美国用六氯环戊二烯处理土壤，每平方米用25克；前苏联用六氯丁二烯处理土壤，每平方米用药15～25克效果良好，残效期3年以上。

加强检疫防止扩大蔓延。疫区苗木、插条外运要消毒，可用 50％辛硫磷乳油 1 500 倍液浸蘸，阴干后包装起运。

葡萄天蛾

140. 葡萄天蛾的识别特征是什么？

成虫体长 38～45 毫米，翅展 90 毫米左右，体肥硕纺锤形，茶褐色（彩图 72）。体背中央从前胸至腹端有 1 条灰白色纵线，复眼后至前翅基有 1 条较宽白色纵线。前翅各横线均暗茶褐色，前缘近顶角处有一暗色近三角形斑，斑下接波状的亚缘线。后翅中间大部黑褐色，周缘棕褐色。缘毛色稍红。中部和外部各具 1 条茶色横线。卵球形，直径 1.5 毫米左右，淡绿色。幼虫体长约 80 毫米，绿色，体表多横纹及小颗粒。头部有两对黄白色平行纵线。胸足红褐、基部外侧黑色，其上有 1 黄斑。第八节背面具 1 尾角。腹部背面两侧各有 1 条黄白纵线。中胸至第七腹节两侧各有 1 条由下向后上方斜伸的黄白色纹。第一至七腹节背面两则各有 1 黄白斜短线。蛹长 45～55 毫米，初灰绿，后腹面呈暗绿，背面棕褐，臀棘褐色，较尖（彩图 73）。

141. 葡萄天蛾有哪些为害习性？

幼虫食叶成缺刻与孔洞，高龄仅残留叶柄。

年发生 1～2 代，以蛹在土中越冬，翌年 5 月中旬羽化，6 月上中旬进入羽化盛期。夜间活动，有趋光性。多在傍晚交配，交配后 24～36 小时产卵，多散产于嫩梢或叶背，每雌产卵 155～180 粒，卵期 6～8 天。幼虫白天静止，夜晚取食叶片，受触动时从口器中分泌出绿水，幼虫期 30～45 天。7 月中旬开始在葡萄架下入土化蛹，夏蛹具薄网状膜，常与落叶黏附在一起，蛹期 15～18 天。

7月底8月初可见一代成虫，8月上旬可见二代幼虫为害，多与第一代幼虫混在一起，为害较严重时，常把叶片食光。进入9月下旬至10月上旬幼虫入土化蛹越冬。

142. 怎样防治葡萄天蛾？

（1）挖除越冬蛹。葡萄天蛾越冬蛹多分布在树盘老蔓根部及架附近表土层，结合秋施基肥、葡萄冬季埋土和春季出土挖除越冬蛹。

（2）捕捉幼虫。结合夏季修剪等管理工作，寻找被害状和虫粪捕捉幼虫。

（3）结合防治其他病虫，用14％氯虫·高氯氟微囊悬浮-悬浮剂3 000倍液、2.5％高效氯氟氰菊酯水剂2 500倍液、5％虱螨脲乳油1 500倍液、10％高效氯氰菊酯乳油2 000倍液等喷雾，及早杀除幼虫。

（4）幼虫极易患病毒病，在田间取回自然死亡的幼虫，制成200倍液喷布枝叶，效果也很好，这是田间生物防治的发展方向。

葡萄叶螨

143. 葡萄叶螨包括哪些种类，它们有什么特征？

葡萄园发生的叶螨主要有李始叶螨、山楂叶螨、葡萄短须螨、二斑叶螨等。

李始叶螨：雌成螨椭圆形，春夏季呈浅黄绿色，越冬型橙黄色。雄成螨体色与雌成螨相同。幼螨近圆形，淡黄色，微透明，3对足。若螨椭圆形，淡黄绿色，4对足。卵圆形，直径约0.11毫米，初产时晶莹透明，逐渐变成淡黄至橙黄色。

山楂叶螨：雌成螨体长 0.5 毫米，长椭圆形，背隆起，有皱纹，有刚毛 26 根，分 6 排，刚毛细长，基部无瘤。足黄白色，比体短。有冬型、夏型之分（彩图 74），冬型体色鲜红，略有光泽；夏型初蜕皮时红色，取食后暗红色。雄成螨体长 0.4 毫米，末端尖削，略呈枣核形，背微隆，有明显浅沟，初蜕皮时为浅黄绿色，逐渐变绿色及橙黄色，背两侧有黑绿色斑条 2 条。卵网球形，光滑，有光泽，橙红色，夏季初产卵由半透明转为黄白色。幼螨足 3 对，体圆形，黄白色，取食后体呈卵圆形，两侧出现淡绿色长形斑点。若螨体背开始出现刚毛，两侧有明显的黑绿色斑纹，并开始吐丝，后期可分雌雄，雌体背隆起，尾端钝，极似雌成螨；雄体背稍隆，瘦小，尾端尖，足 4 对。

葡萄短须螨：雌成螨体微小，一般为 0.32 毫米×0.11 毫米，体褐色，眼点红色，腹背中央红色。体背中央呈纵向隆起，体后部末端上下扁平。背面体壁有网状花纹，背面刚毛呈披针状。4 对足皆粗短多皱纹，刚毛数量少，跗节有小棍状毛 1 根。卵大小为 0.04 毫米×0.03 毫米，卵圆形，鲜红色，有光泽。若虫大小为 (0.13～0.15) 毫米× (0.06～0.08) 毫米，体鲜红色，有足 3 对，白色。体两侧前后足各有 2 根叶片状的刚毛。腹部末端周缘有 8 条刚毛，其中第三对为长刚毛，针状，其余为叶片状。后期体淡红色或灰白色，有足 4 对。体后部上下较扁平，末端周缘刚毛 8 条全为叶片状。

二斑叶螨：成螨体色多变，有浓绿、褐绿、黑褐、橙红等色，一般常带红或锈红色。体背两侧各具 1 块暗红色长斑，有时斑中部色淡分成前后两块（彩图 75）。体背有刚毛 26 根，排成 6 横排，足 4 对。雌螨体长 0.42～0.59 毫米，椭圆形多为深红色，也有黄棕色的；越冬者橙黄色，较夏型肥大。雄螨体长 0.26 毫米，近卵圆形，前端近圆形，腹末较尖，多呈鲜红色。卵球形，长 0.13 毫米，光滑，初无色透明，渐变橙红色，将孵化时现出红色眼点。幼螨初孵时近圆形，体长 0.15 毫米，无色透明，取食后变暗绿色，眼红色，足 3 对。前期若螨体长 0.21 毫米，近卵圆形，足 4 对，色变深，体背出现色斑。后期若螨体长 0.36 毫米，黄褐色，与成虫相似。

144. 葡萄叶螨在什么时候发生？有何习性？

李始叶螨 1 年发生 11 代，以雌螨在主干、主侧枝的皮下、根际周围的土缝、石块下或枯枝落叶中群集潜伏越冬。春季当气温上升到 10℃时，越冬雌成螨开始出蛰，一般 4 月上中旬开始出蛰，4 月下旬至 5 月初为出蛰盛期，5 月中旬出蛰结束。出蛰后的雌成螨先爬到花芽上吸食汁液，果树展叶后在叶片背面为害并产卵。4 月末开始产卵，5 月中旬是第一代幼螨孵化盛期。这一代发生比较整齐，以后各世代有重叠现象。全年种群数量的发展趋势是：5、6 月增加缓慢，7 月上旬至 8 月中旬为全年发生最盛期，此期各螨态并存，高温干旱天气条件下最易大发生。8 月 20 日以后，种群数量下降，9 月上旬产生越冬雌成螨。

山楂叶螨在我国北方果区 1 年发生 5～9 代。以受精的冬型雌成螨在枝干树皮裂缝内、粗皮下及靠近树干基部的土块缝里越冬。越冬雌成螨于翌年春天果树花芽膨大时开始出蛰上树，待芽开绽露出缘顶时即转到芽上为害，展叶后即转到叶片上为害。整个出蛰期长达 40 天左右，但大多集中在 20 天内出蛰，因此花前是防治出蛰雌成螨的关键期。出蛰雌成螨为害 7～8 天后就开始产卵，在盛花期前后为产卵盛期。卵期 8～10 天，落花后 10～15 天正值第一代卵孵化盛期，此时是防治上的有利时机。第二代以后，世代重叠，随气温升高，发育加快，虫口密度逐渐上升。从 5 月下旬起种群数量剧增，逐渐向树冠外围扩散为害。6 月中旬至 7 月中旬是发生为害高峰期，因此麦收前后是全年防治的重点时期。7 月下旬以后由于高温、高湿，虫口明显下降，越冬雌成虫也随之出现，9～10 月大量出现越冬雌成螨。

葡萄短须螨 1 年发生 6 代以上。雌成螨在老蔓裂皮下、叶痕缝隙、松散的芽鳞绒毛内，或根颈土中群集越冬。春季萌芽后约在 4 月中下旬出蛰，先在干基根蘖上为害，温度升高以后，到近主蔓的嫩梢基部为害。4 月末至 5 月初行孤雌生殖，开始产卵。卵散产，个体产卵 20～30 粒。幼虫孵化后逐代向上部枝梢、叶柄、叶片蔓延。在叶片上多集中在叶背基部和叶脉两侧为害。成虫有拉丝习性，但丝量不大。幼虫有群集蜕皮的习性。受害重时，6 月下部叶片开始脱落，7 月大量为害果穗，8 月虫口密度最大达到高峰。10 月转移到叶柄基部和叶腋间。11 月全部进入越冬部位。

二斑叶螨在北方果区 1 年发生 7～10 代，以橙黄色雌成螨在主干、主枝、侧枝的老翘皮下，主干周围的土壤缝隙内及落叶、杂草下群集越冬，还可以在储存的果实上越冬。第二年春季（3 月中旬至 4 月下旬），当平均气温上升到 10℃左右时，越冬雌成螨开始出蛰。地面越冬螨先在树下杂草上及果树根蘖上取食繁殖，树上越冬螨则先下树取食繁殖，以后再上树为害。当平均气温上升到 13℃左右时开始产卵，经半个月后，卵开始孵化，4 月底至 5 月初是第一代孵化盛期。上树以后先在徒长枝叶片上为害，然后再扩大到整个树冠，6 月下旬至 8 月下旬种群增长最快。7 月螨量急剧上升，进入大量发生期，发生高峰在 8 月中旬至 9 月中旬。进入 10 月，当气温降至 17℃以下时，出现越冬雌成螨。以后气温进一步下降至 11℃以下时，即全部变成滞育个体。

145. 怎样防治葡萄叶螨？

（1）从 8 月下旬开始，在树干上束草把，诱集成螨越冬，入冬后解下烧掉。早春清除树上的翘皮，消灭在此越冬的雌成螨。

（2）铲除园内及园边杂草，消灭早春寄主，剪除萌蘖及树冠内膛徒长枝，可减少害螨基数。

（3）间作豆类、棉花等作物和用刺槐等作果园绿篱，会增加寄主及越冬场所，然后销毁。

（4）及时灌水，增加相对湿度，可以造成对二斑叶螨不利的生态环境。控制氮肥施用量，适当增加磷肥和钾肥，可达到增强树势、恶化二斑叶螨发生条件的目的。

（5）葡萄萌芽前喷 3～5 波美度石硫合剂。

（6）生长期防螨可选喷 73％克螨特乳油 2 000 倍液、1.8％阿维菌素乳油 4 000 倍液、5％噻螨酮乳油 2 000 倍液、20％四螨嗪悬浮剂 2 000 倍液等。当叶平均活动螨达 4～5 头/叶时即可喷药防治。

（7）保护和利用天敌：除合理使用农药外，有条件的可饲养草蛉、捕食螨在果园释放。

葡萄斑衣蜡蝉

146. 葡萄斑衣蜡蝉的识别特征、发生分布区域是什么？

葡萄斑衣蜡蝉主要分布在我国北方，如陕西、河南、河北、山东、山西、江苏、北京等。寄主植物有 10 余种。在果树中以葡萄受害较重，还食害梨、杏、桃等，在树木中最喜食臭椿、苦楝等。成虫、若虫刺吸嫩叶、枝干的汁液引起煤污病发生，影响光合作用，降低果品质量，被害嫩叶受害常造成穿孔，受害严重的叶片常破裂，随着葡萄蔓的继续生长，被害叶片的叶肉逐渐变厚并向背面弯曲（彩图 76）。

在北方葡萄产区多有发生，零星为害。在黄河故道地区为害较重，以成虫、若虫、幼虫为害，以刺吸口器吸食汁液，一般不造成灾害，但其排泄物可造成果面污染，嫩叶受害常造成穿孔或叶片破裂。

成虫体长约 20 毫米，翅展约 50 毫米，触角红色，前翅革质灰褐色，翅基部有 20 多块黑斑（彩图 77），后翅基部 1/3 处为红色，中部白色，端部黑色，体、前翅常披有白色蜡粉。若虫初孵化时白色，蜕皮后变黑色并有许多小白点。四龄后体背变红色并生出翅芽（彩图 78）。

147. 葡萄斑衣蜡蝉有什么为害习性？

葡萄斑衣蜡蝉在北方每年发生 1 代，以卵块在树体的向阳面或枝蔓分杈处或其他能避风雪处越冬，4～5 月孵化为幼虫，蜕皮后变为若虫，若虫常群集在葡萄的幼枝和嫩叶背面为害，受惊扰即跳跃逃避，若虫有假死性。若虫蜕皮 4 次后，成虫于 6 月下旬出现，虫期约 60 天；成虫受惊猛跃起飞，迁移距离为 1～2 米，成虫和若虫均可跳跃，爬行较快，可迅速躲开人的捕捉。7～8 月发生较多。成虫有群集性，弹跳力很强。成虫交尾多在夜间，8 月中、下旬交尾产卵，产卵方式常自右而左，一排产完覆盖蜡粉再产第二排，每产完一排需休息相当一段时间。每个卵块产完需要 2～3 天，产完卵后成虫即死亡。成虫寿命长达 4 个月，于 10 月下旬逐渐死亡。

148. 怎样防治葡萄斑衣蜡蝉？

秋季结合剪枝摘除卵块。抓住若虫大量发生期喷药防治，可喷的药有：14％氯虫·高氯氟微囊悬浮-悬浮剂 3 000 倍液、40％氯虫·噻虫嗪水分散粒剂 3 000 倍液、2.5％溴氰菊酯乳油 2 000 倍液、2.5％高效氯氟氰菊酯水剂 2 500 倍液、40％辛硫磷乳油 1 000 倍液、4.5％高效氯氰菊酯乳油 2 000 倍液等，狠抓幼虫期防治，可收到良好效果。利用若虫假死性，进行人工捕捉。在葡萄建园时，尽量远离臭椿、苦楝等杂木林。

葡萄星毛虫

149. 葡萄星毛虫的为害状是什么样?

葡萄星毛虫以幼虫为害葡萄嫩叶、叶片、花序和果实。幼叶被害后形成穿孔,危害重的仅留下网状的叶脉,造成早期落叶;被害的芽不能萌发;花序受害不能正常开花;果穗被害后小穗干枯脱落。

150. 如何辨认葡萄星毛虫?

葡萄星毛虫属鳞翅目,斑蛾科。又名葡萄毛虫、葡萄斑蛾。在中国大部分地区均有发生。成虫体长约 10 毫米,体黑色,翅半透明,略有蓝色光泽(彩图 79)。雄成虫触角呈双栉齿状,栉齿较长,其上着生刚毛。卵椭圆形,长 0.7 毫米,初乳白色,渐变淡黄,孵化前色暗,成块产于叶背。幼虫初龄为乳白色,后渐变为紫褐色,长大后,体为黄褐色(彩图 80),末龄体长 10 毫米。各体节亚背线、气门上线、气门下线和基线处生有毛瘤,上生有许多短毛和少量长毛,亚背线处的毛略呈黑褐色,气门上线处的短毛黑褐色,其余部位的毛均为白色,故貌似亚背线和气门上线呈黑褐色。气门黑色,围气门片淡褐色。

瘤状突起上生有数根灰色短毛和 2 根白色长毛。蛹黄褐色,体长约 10 毫米,外有白茧包围。

151. 星毛虫什么时候发生? 有哪些生活习性?

葡萄星毛虫每年发生 2 代,以二、三龄幼虫在枝蔓翘起的老皮下和植株基部的土块下结茧越冬。第二年葡萄萌芽后便迁移到芽上为害。第一代幼虫出现在 6 月上旬，第二代幼虫出现在 8 月初，卵期 3～7 天，蛹期 10 天，单雌可产卵 53～200 多粒。第一代幼虫密度大，为害严重。幼虫初期多集中在葡萄叶背为害，长大后有吐丝坠落习性，可转到其他植株或枝条上为害。

152. 如何防治葡萄星毛虫？

（1）冬季彻底清园，将葡萄枝蔓上的翘皮剥除、集中烧毁，消灭越冬幼虫。

（2）药剂防治。在幼虫发生期喷施 14％氯虫·高氯氟微囊悬浮-悬浮剂 3 000 倍液、2.5％高效氯氟氰菊酯水剂 2 500 倍液、40％氯虫·噻虫嗪水分散粒剂 3 000 倍液、5％虱螨脲乳油 1 500 倍液、2.5％溴氰菊酯乳油 2 000 倍液、40％辛硫磷乳油 1 000 倍液、4.5％高效氯氰菊酯乳油 2 000 倍液等。

葡萄虎天牛

153. 葡萄虎天牛有哪些为害特点？

葡萄虎天牛幼虫蛀食枝蔓。初孵幼虫多从芽基部蛀入茎内，多向基部蛀食，被害处变黑（彩图 81）。粪便与木屑均充塞于隧道内，不排出树体外，故不易被发现。有时将枝横向切断，枝头断落，受害枝梢枯萎且易风折，影响树势。

154. 葡萄虎天牛有哪些识别特征？

葡萄虎天牛成虫体长 15～28 毫米，头部和虫体大部分黑色，前胸及中、后胸腹板和小盾片赤褐色（彩图 82），鞘翅黑色，基部具"×"形黄色斑纹，近末端具一黄色横纹，翅末端平直，外缘角呈刺状。卵呈椭圆形，长1毫米，乳白色。幼虫体长17毫米，头小、黄白色，体淡黄褐色，无足（彩图83）。前胸背板宽大，后缘具"山"字形细凹纹，中胸至第八腹节背腹面具肉状突起，即步泡突，全体疏生细毛。蛹长约15毫米，体淡黄白色，复眼淡赤褐色。

155. 葡萄虎天牛的为害高峰期是什么时候？有何习性？

葡萄虎天牛1年发生1代，以幼虫在被害枝蔓内越冬。翌年5～6月开始为害，有时将枝横向切断，致枝头脱落，向基部蛀食。7月老熟幼虫在被害枝蔓内化蛹，蛹期10～15天，8月为羽化盛期。卵散产于芽鳞缝隙、芽腋和叶腋的缝隙处，卵期约7天，初孵幼虫多在芽附近浅皮下为害，11月开始越冬。成虫白天活动，寿命7～10天。

156. 怎样防治葡萄虎天牛？

（1）结合修剪，剪除有虫枝。

（2）在葡萄生长期间，发现蔓内幼虫时，可用铁丝刺杀，或注入50%敌敌畏乳油1 000倍液，毒杀幼虫。

（3）成虫发生期，喷洒14%氯虫·高氯氟微囊悬浮-悬浮剂3 000倍液、2.5%高效氯氟氰菊酯水剂2 500倍液、40%氯虫·噻虫嗪水分散粒剂3 000倍液、2.5%溴氰菊酯乳油2 000倍液、40%辛硫磷乳油1 000倍液、4.5%高效氯氰菊酯乳油2 000倍液等均有良好的效果。

（4）幼虫刚蛀入时（8月底前后）用80%敌敌畏乳油50～80倍液涂茎或用棉花包紧茎蔓，上面滴上药液。

葡萄蓟马

157. 葡萄蓟马的为害有什么症状？

成虫、若虫为害葡萄新梢、叶片和幼果。被害叶片呈水渍状失绿黄色小斑点。一般叶尖、叶缘受害最重。严重时新梢的延长受到抑制，叶片变小，卷曲成杯状或畸形，甚至干枯，有时还出现穿孔。被害的幼果，初期在果面形成小黑斑，随着幼果的增大而成为不同形状的木栓化褐色锈斑（彩图 84），影响果粒外观，降低商品价值，严重时会裂果。

158. 葡萄蓟马长的什么样？

葡萄蓟马成虫体长 0.8～1.5 毫米，体淡黄至深褐色，背面色略深。头部宽大于长，口器呈鞘状锥形，生于头下，内有口刺数根，适于穿刺和吸食。复眼紫红色，稍突出。触角 7 节。前胸背板宽大于长，中、后胸背面连合成长方形。翅透明、细长，端部较尖，周缘密生细长的缘毛。腹部 10 节扁长，尾端细小而尖，具有数根长毛，体侧疏生短毛。雌虫产卵管锯齿状，由第八、九腹节间腹面突出。雄虫无翅。

卵：初期肾形，后变卵圆形，长约 0.29 毫米，乳白色，后期黄白色。

若虫：淡黄色，与成虫相似，无翅，共 4 龄。复眼暗红色，胸腹部有微细的褐点，点上生粗毛。四龄若虫体长 1.2～1.6 毫米，有明显的翅芽。

159. 葡萄蓟马的生活习性如何？

葡萄蓟马在华北 1 年发生 3～4 代，华东 6～10 代，华南地区 20 代以上，每代历期 9～23 天，夏季 1 世代约 15 天。北方多以成虫在未收获的葱、蒜叶鞘或杂草残株上越冬。来年 4 月春季葱蒜返青时恢复活动，为害一段时间便迁飞到杂草、作物及果树上为害繁殖。成虫活跃，能飞善跳，扩散传播很快，怕阳光，早晚或阴天在叶面上为害。一般在 5 月上中旬若虫群集在新梢顶端的嫩叶为害，蓟马多行孤雌生殖，很少见雄虫。卵多产在叶背皮下和叶脉内。卵期 6～7 天。初孵若虫不太活动，集中在叶背叶脉两侧为害，长大即分散，一般温度 25℃以下，相对湿度 60％以下有利于蓟马发生，高温高湿不利于其发生。

160. 怎样防治葡萄蓟马？

(1) 生物防治：蓟马的天敌有小花蝽和姬猎蝽，对蓟马发生量有一定抑制作用，应注意保护利用。早春清除田间杂草和残株落叶，加以处理，可减少虫源。

(2) 药剂防治：夏季葡萄受害初期，喷施 10％溴氰虫酰胺可分散油悬浮剂 1 500 倍液、14％氯虫·高氯氟微囊悬浮-悬浮剂 3 000 倍液、2.5％高效氯氟氰菊酯水剂 2 500 倍液、40％氯虫·噻虫嗪水分散粒剂 3 000 倍液、48％乙基多杀菌素水分散粒剂 1 500 倍液。也可在 9～10 月和早春葡萄蓟马集中在葱、蒜上为害时进行药剂防治，消灭虫源。

葡萄褐盔蜡蚧

161. 葡萄褐盔蜡蚧的为害症状是什么样?

葡萄褐盔蜡蚧以若虫和成虫为害枝叶和果实。为害期间,经常排泄出无色黏液(彩图85),不但阻碍叶片的生理作用,还招致蝇类吸食和霉菌寄生;严重发生时,致使枝条枯死,树势衰弱。

162. 葡萄褐盔蜡蚧的形态特征是什么样?

雌成虫体长3.5～6毫米,红褐色、椭圆形。成熟后背部体壁硬化(彩图86),体背中央有四列纵排断续的凹陷,中间两排较大。体背周缘有横列的皱褶,较规则。体背近边缘部位生有15～19个发达的双筒腺。可分泌细长玻璃纤维状的蜡丝,呈放射状。

163. 葡萄褐盔蜡蚧的习性如何?

葡萄褐盔蜡蚧每年发生2代,以二龄若虫在枝蔓的老皮下干枝裂缝、剪锯口处越冬。翌年3月出蛰,爬到枝条上后固着为害,此期间往往有多次迁移现象。4月上旬虫体开始膨大,以后逐渐硬化,5月初前后开始产卵,5月末为第一代若虫孵化盛期,若虫爬至叶片背面新梢上固着为害。第二代若虫8月间孵化,中旬为盛期,10月间迁回树体越冬。在山东尚未发现雄虫,以孤雌卵生法繁殖后代。该虫天敌有黑缘红瓢虫、小二红点瓢虫和寄生蜂,寄生率达10%～25%。

164. 怎样防治葡萄褐盔蜡蚧?

(1) 春天葡萄出土上架后,喷 5 波美度石硫合剂,或刮老皮以消灭越冬若虫。

(2) 4 月上、中旬虫体膨大时喷 0.3 波美度石硫合剂或 99%机油乳剂 200~400 倍液,或 1%甲氨基阿维菌素苯甲酸盐乳油2 000 倍液+2.5%高效氯氰菊酯乳油 1 000 倍液,或 3%啶虫脒乳油 1 000~2 000 倍液。

(3) 保护和繁殖天敌黑缘红瓢虫、小二红点瓢虫和寄生蜂等,进行生物防治。

第四章　葡萄园安全使用农药

165. 什么是农药？

按照现行《农药管理条例》规定，农药是指用于预防、控制危害农业、林业的病、虫、草、鼠和其他有害生物以及有目的地调节植物、昆虫生长的化学合成或者来源于生物、其他天然物质的一种物质或者几种物质的混合物及其制剂。包括用于不同目的、场所的下列各类：

（1）预防、控制为害农业、林业的病、虫（包括昆虫、蜱、螨）、草、鼠、软体动物和其他有害生物；

（2）预防、控制仓储以及加工场所的病、虫、鼠和其他有害生物；

（3）调节植物、昆虫生长；

（4）农业、林业产品防腐或者保鲜；

（5）预防、控制蚊、蝇、蜚蠊、鼠和其他有害生物；

（6）预防、控制危害河流堤坝、铁路、码头、机场、建筑物和其他场所的有害生物。

166. 国家关于农药产品有效成分含量有哪些管理规定？

为进一步规范农药市场秩序，保护环境和维护农药消费者权益，促进农药行业发展，农业部、国家发展和改革委员会联合发布《农药产品有效成分含量管理规定》作出如下规定：

农药产品有效成分含量（混配制剂总含量）的设定应当符合提高产品质量、保护环境、降低使用成本、方便使用的原则。

农药产品有效成分含量设定应当为整数，常量喷施的农药产品的稀释倍数应当在 500～5 000 倍范围内。

国家标准或行业标准已对有效成分含量范围作出具体规定的，农药产品有效成分含量应当符合相应标准的要求。

尚未制定国家标准和行业标准，或现有国家标准或行业标准对有效成分含量范围未作出具体规定的，农药产品有效成分含量的设定应当符合以下要求：

有效成分和剂型相同的农药产品（包括相同配比的混配制剂产品），其有效成分含量设定的梯度不得超过 5 个；

乳油、微乳剂、可湿性粉剂产品，其有效成分含量不得低于已批准生产或登记产品（包括相同配比的混配制剂产品）的有效成分含量；

有效成分含量≥10％（或 100 克/升）的农药产品（包括相同配比的混配制剂产品），其有效成分含量的变化间隔值不得小于 5％或 50 克/升；

有效成分含量＜10％（或 100 克/升）的农药产品（包括相同配比的混配制剂产品），其有效成分含量的变化间隔不得小于有效成分含量的 50％。

含有渗透剂或增效剂的农药产品，其有效成分含量设定应当与不含渗透剂或增效剂的同类产品的有效成分含量设定要求相同。

不经过稀释而直接使用的农药产品，其有效成分含量的设定应当以保证产品安全、有效使用为原则。

特殊情况的农药产品有效成分含量设定，应当在申请生产许可和登记时提交情况说明、科学依据和有关文献等资料。

自 2008 年 1 月 12 日起，不再受理和批准不符合本规定的农药产品的田间试验、农药登记和生产许可（批准）。不符合本规定的农药产品，已批准田间试验的，相关企业应当于 2009 年 1 月 1 日前办理田间试验变更手续；已批准生产或登记的，自 2009 年 1 月 1 日起，在申请生产许可（批准）延续、登记续展或正式登记时应当符合本规定。

167. 什么是农药的通用名？

通用名就是药品的有效成分的名称，国家要求农药使用通用名就是要看看药品的有效成分是什么，避免商品名不同，通用名一样。也就是说避免施用同一种有效成分的药品，以免作物产生药害或加速抗性产生，增加农民农药投入成本。

168. 什么是农药有效期？

农药有效期是药品保证防治效果的基本期限。即产品质量保证的期限。以有效日期或失效日期表示。一般杀虫剂有效期为 2 年，杀菌剂为 2 或 3 年，最多不超过 3 年。

169. 农药毒性分几级？

毒性分为剧毒、高毒、中等毒、低毒、微毒五个级别，分别用"☠"标识和"剧毒"字样、　"☠"标识和"高毒"字样、"◆"标识和"中等毒"字样、"低毒"标识、"微毒"字样标注。标识应当为黑色，描述文字应当为红色。

170. 农药的颜色标志带分几类？

颜色标志带表示农药类别的特征。不同类别的农药采用在标签底部加一条与底边平行的、不褪色的特征颜色标志带表示。

除草剂用"除草剂"字样和绿色带表示；杀虫（螨、软体动物）剂用"杀虫剂"或"杀螨剂"、"杀软体动物剂"字样和红色带表示；杀菌（线虫）剂用"杀菌剂"或"杀线虫剂"字样和黑色带表示；植物生长调节剂用"植物生长调节剂"字样和深黄色带表示；杀鼠剂用"杀鼠剂"字样和蓝色带表示；杀虫/杀菌剂用"杀虫/杀菌剂"字样和红色和黑色带表示。农药种类的描述文字镶嵌在标志带上的颜色与其形成明显反差。

171. 为什么阅读农药标签的"注意事项"非常关键？

因为注意事项中标注着以下的使用技术内容：

（1）使用该产品需要的安全间隔期，以及标农作物每个生产周期的最多施用次数。

（2）对后茬作物生产有无影响，标注着对后茬作物的影响以及后茬能种植的作物种类或后茬不能种植的作物种类、间隔时间（如除草剂尤其重要）。

（3）对农作物容易产生药害，或者对病虫容易产生抗性的，会标明主要原因和预防方法。

（4）对有益生物（如蜜蜂、鸟、蚕、蚯蚓、天敌及鱼、水蚤等水生生物）和环境容易产生不利影响的，会标注使用时的预防措施、施用器械的清洗要求、残剩药剂和废旧包装物的处理方法。

（5）与其他农药等物质能否混合使用的说明。

（6）开启包装物时容易出现药剂散落或人身伤害的，会标明正确的开启方法。

（7）施用时应当采取的安全防护措施，以及该农药国家规定的禁止使用的作物或范围等。

172. 果农怎样选择农药？

在选购农药前，第一，要诊断清楚葡萄园发生的病害或虫害的具体种类是什么，根据种类去选择杀菌剂或杀虫剂等对路的农药；第二，应仔细查看农药标签，选择农药名称、有效成分含量、剂型标注清楚的；第三，选择农药登记证号、生产许可证或批文号、产品标准号齐全的正规公司生产的产品；第四，农药标签上应注明净含量、生产日期、批号及有效期；第五，如果购买粉剂或可湿性粉剂应为疏松粉末，不结块，如购买乳油应为均相液体，不分层，不混浊，如购买悬浮剂，应为可流动的悬浮液，不结块，可能有分层但摇晃后可恢复；第六，比较价格，不可单看每袋或每瓶的价格，应该看每亩用药所花的钱，不要图便宜，同样价格要选择信誉好的大企业的产品，价格明显低于同类产品的，假货的可能性较大。民间购买农药有"四看"之说，即同样药品看价格；同样价格看效果；同样效果看企业；同样企业看服务（指企业技术服务）。

173. 采收时常喷一次杀菌剂防病，果穗出现药斑，怎么办？

葡萄近采收时，果穗易发生病害，由于这时期果实糖分增大，葡萄炭疽病、白腐病、灰霉病通常大发生，喷药防治必不可少。喷洒的农药制剂为粉剂时，一定要选择成分含量高，使用浓度在2 000倍以上的制剂，果面上留下的药痕就会少一些，而2 000倍以内的制剂，尤其是带有颜色的粉剂，使用后与葡萄果面形成较大的颜色反差，给人一种不干净的感觉，必然影响产品的外观质量。建议选择细化程度好的剂型如水剂、水分散粒剂或悬浮剂类的药品，做最后采收时节的病害防治药剂。

174. 葡萄喷了农药后果面光亮，像有一层油在上面，是什么原因？

有些农药厂家为了增加农药的防治效果，有时会在农药中加入一些溶蜡剂，目的是破坏病原菌或虫体表面的蜡质层，以提高防治效果。溶蜡剂在溶解了有害物（如病原菌、害虫）保护层的同时也破坏了葡萄果实的保护层，造成葡萄果实表面像有一层油而发亮，降低品质。一般来看，使用农药的剂型为乳油时出现溶解果霜的可能性大些，使用粉剂很少出现这种现象。所以，近年来采收期不提倡使用乳油制剂类的药品。

175. 设施葡萄园里怎样使用农药？

设施葡萄园应根据病虫害发生规律，制定相应的病虫害系统化防控方案。如葡萄定植前要对土壤做消毒处理或药剂处理种苗，或在病虫害发生的关键期及时用药防治。要以早防为主，控制蔓延成灾。

看天用药，温室不宜在阴雪天用药，应在晴天上午露水已干时喷药液。并且要适当通风，以降低空气湿度。

改变用药方式，温室用药尽量采用烟雾法和粉尘法，以免增加棚内湿度。烟雾法一般用10％或40％百菌清烟雾片剂点燃蒸熏。粉尘法用10％百菌清复合粉剂，于早晨露水未干或傍晚已结露水时喷施效果好。

安全用药，要严格执行安全使用农药标准规定的用量和浓度，选用99％机油乳剂、吡虫啉、高效氯氟氰菊酯等高效、低毒、低残留农药或生物农药链霉素等以防人、畜中毒。

176.　如何配制波尔多液？

波尔多液是一种应用范围广、历史悠久的铜制杀菌剂，虽然配制方法比较麻烦，但由于它能有效防治果树多种病害并且效果好，残效期长，不易产生抗药性，是一种廉价优良的杀菌剂。对葡萄霜霉病、黑痘病、炭疽病和褐斑病等多种病害都有良好的防治效果。

质地优良的波尔多液为天蓝色胶体悬浮液，呈碱性，比较稳定，黏着性好，但放置过久会发生沉淀，产生结晶，降低药效，因此必须现配现用，不能储存。

配制方法及使用方法如下：

防治葡萄病害用的波尔多液一般采用200倍的石灰半量式，即1（硫酸铜）∶0.5（石灰）∶200（水）。也可以采用1∶0.7∶240的比例配制。

先取0.5千克的石灰对水80升，搅拌充分溶解后过滤，配成石灰乳备用。再取1千克硫酸铜对水20升，充分溶解硫酸铜，（注意应先把大块结晶研碎后再溶解）纱布过滤备用。将硫酸铜溶液慢慢倒入石灰乳液中，使反应在碱性介质下进行，并不断搅拌，静止片刻后即可使用。

配制良好的药剂，所含的颗粒很细小而均匀，沉淀较慢，清水层也较少；配制不好的波尔多液，沉淀很快，清水层也较多。

177.　如何煮制石硫合剂？

一般认为，生石灰∶硫黄∶水的比例为1∶1.5～1.4∶13的配合量煮制的石硫合剂经济效益最好。煮制石硫合剂必须用瓦锅或生铁锅，不能用铜锅或铝锅，否则易腐蚀损坏。把称出的块状洁白的生石灰放在瓦锅或生铁锅中，洒入小量水使生石灰消解，待充分消解成粉状后再加入少量水调成糊状。把称出的硫黄粉一小份一小份地投入石灰浆中，使混合均匀。最后加足水量，把搅拌棒插入反应锅中记下水位线，然后加火熬煮，在沸腾时开始计算时间，保持沸腾 50～60 分钟（熬煮过程中损失的水量用热水在反应时间最后的15 分钟以前补充完），此时锅内溶液呈深红棕色。取出用四、五层纱布滤去渣滓，滤液即为澄清酱油色石硫合剂母液。据经验，反应锅内的渣子开始变为蓝绿色时，即反应时间够了。熬制的母液用比重计测出比重，一般熬制的石硫合剂在 20～30 波美度，必须加水稀释后才能使用。

178. 石硫合剂有哪些使用技术？

（1）**使用时期和防治对象：**石硫合剂主要在葡萄休眠期和萌芽期使用，在休眠期（冬剪后）喷 3～5 波美度石硫合剂清园，萌芽期（出土上架至芽变绿前）喷 3 波美度石硫合剂（树体、地面、架材全面喷雾）杀灭白粉病、黑痘病、炭疽病、白腐病、黑腐病等。同时对多种越冬的害虫也有很好的兼治作用，如红蜘蛛、介壳虫、瘿螨等。

（2）**注意事项及使用方法：**

①在使用时还应该注意药液浓度要根据病虫害对象、气候条件、使用时期等不同而定，使用前必须用波美比重计测量好原液度数，根据所需浓度计算出稀释时的加水量。计算公式为：加水量（千克）＝（原液浓度÷稀释液浓度－1）÷2。同时，石硫合剂不宜在葡萄生长季节气温过高（＞30℃）时使用。

②不能与波尔多液等碱性药剂或机油乳剂、松脂合剂、铜制剂混用，否则会发生药害。一般喷洒波尔多液后间隔 15～30 天再喷洒石硫合剂，或喷洒石硫合剂后，间隔 15～30 天喷洒波尔多液。熬制石硫合剂剩余的残渣可以配制为保护树干的白涂剂，能防治日灼和冻害，兼有杀菌、治虫等作用，配置比例为：生石灰：石硫合剂残渣：水为 5：0.5：20，或生石灰：石硫合剂残渣：食盐：动

物油：水为 5：0.5：0.5：1：20。

③要选择大块的颜色洁白的生石灰，硫黄粉的颗粒越细越好。熬制的时间不宜过长，火力也不要过猛。否则会降低有效成分含量。

④不能用铜或铝锅熬制和存放石硫合剂，否则容易发生化学反应。熬制好的石硫合剂要密封保存，使用时要现配现用，不要存放稀释好的药液。

⑤石硫合剂具有较强的腐蚀性，要避免溅到衣服和皮肤上，用过石硫合剂的喷雾器要及时清洗干净，避免腐蚀损坏机器。

179. 使用波尔多液应注意哪些问题？

波尔多液具有防治病害种类多，耐雨水冲刷，低毒无公害，长期使用不产生抗药性等特点。因此，是葡萄病害防治不可缺少的杀菌剂。根据不同的作物和病害种类，波尔多液可以采用不同的配合量。在葡萄上一般使用 200 倍石灰半量式。

注意事项及使用方法：①波尔多液主要是保护剂的作用，发病后再用一般效果不很理想；②配制时必须选用洁白成块的生石灰，硫酸铜应选择蓝色有光泽细结晶的优品质；③配制时不宜用金属容器，尤其不能用铁器；④药液要现配现用，不要储藏；⑤不能与石硫合剂、退菌特等碱性农药混合使用，并且使用间隔期不少于 20 天；⑥可以同敌百虫混用，敌百虫遇碱性的波尔多液生成杀虫效果更强的敌敌畏；⑦一般在生长前期使用低浓度，用 1：0.5：250～300 倍，生长中后期用较高浓度，用 1：0.8～1：150～250 倍。根据具体品种、生长期、用药量灵活掌握；⑧天气阴湿时使用波尔多液，易产生药害。

180. 甲基硫菌灵有哪些特点？如何使用？

甲基硫菌灵人们常称为甲托，属低毒性杀菌剂。剂型有 50％、

70%可湿性粉剂，40%、50%胶悬剂，36%悬浮剂。

特点：杀菌谱广，具有向顶性传导功能，吸收率高，杀菌效果明显，对作物安全，对多种病害有预防和治疗作用。对叶螨和病原线虫有抑制作用。

使用方法：防治炭疽病、灰霉病等，可用50%可湿性粉剂600～800倍液喷雾。

注意事项：不能与碱性及无机铜制剂混用。长期单一使用易产生抗性并与苯并咪唑类杀菌剂有交互抗性，应注意与其他药剂轮换使用。药液溅入眼睛可用清水或2%苏打水冲洗。

181. 代森锰锌有什么特点？如何使用？

代森锰锌属有机硫类保护性杀菌剂。属于高效、低毒杀菌剂。剂型有70%和80%代森锰锌可湿性粉剂两种。商品名有：大生、山德生等。

特点：代森锰锌为代森锰和锌离子的结合物，可抑制病菌体内丙酮酸的氧化，从而起到杀菌作用。杀菌谱广，病菌不易产生抗性，且对果树缺锰、缺锌症有治疗作用。

使用方法：在葡萄发病前和发病初期，用70%或80%代森锰锌600～800倍液，防治葡萄霜霉病、白腐病、炭疽病、黑痘病等。每7～10天喷1次，可与其他杀菌剂交替使用。

注意事项：不能与碱性或含铜药剂混用。对鱼有毒，应注意避免污染水源。

182. 多菌灵有什么特点？如何使用？

多菌灵属于高效低毒内吸性杀菌剂。主要剂型有40%多菌灵悬浮剂，25%、50%多菌灵可湿性粉剂。

特点：多菌灵属有机杂环类（苯并咪唑）内吸性杀菌剂，对许多子囊菌和半知菌都有效，而对卵菌和细菌引起的病害无效，具有保护和治疗作用。其主要作用机制是干扰菌的有丝分裂中纺锤体的形成，从而影响细胞分裂。

使用方法：防治葡萄白腐病、白粉病、黑痘病、炭疽病、灰霉病等，用25％多菌灵可湿性粉剂250～500倍药液喷雾，每隔7～10天喷1次。

注意事项：多菌灵可与一般杀菌剂混用，但与杀虫剂、杀螨剂混用时要随混随用，不能与铜制剂混用。稀释的药液静置后会出现分层现象，需摇匀后使用。配药和施药人员需注意防止污染手、脸和皮肤，如有污染应及时清洗。操作时不要抽烟、喝水和吃东西。工作完毕后及时清洗手脸和可能被污染的部位。多菌灵可通过食道等引起中毒，治疗可服用或注射阿托品。包装物要及时回收并妥善处理。药剂应密封储存于阴凉干燥处。目前在大多数病害上已经产生了抗药性，要与其他作用机理不同的杀菌剂交替或轮换使用。

183. 多抗霉素有什么特点？如何使用？

多抗霉素属于低毒杀菌剂。剂型有1.5％、2％、3％、10％可湿性粉剂。

特点：我国生产的多抗霉素是金色链霉菌所产生的代谢产物，属于广谱性抗生素类杀菌剂。具有较好的内吸性，干扰菌体细胞壁的生物合成，还能抑制病菌产孢和病斑扩大。

使用方法：多抗霉素在葡萄上主要用于防治葡萄穗轴褐枯病和灰霉病。使用浓度为10％可湿性粉剂1 000倍液。防治穗轴褐枯病要在春季开花前喷药。防治灰霉病在花期喷药，喷药时要选择晴天，以免影响葡萄授粉。

注意事项：不能与碱性或酸性农药混用；密封保存，以防失效；虽属低毒药剂，使用时仍应按安全规则操作。

184. 金甲霜灵·锰锌有什么特点？如何使用？

金甲霜灵与代森锰锌的混合物，属低毒杀菌剂。剂型有 68％可分散粒剂，商品名：金雷。

特点：具有超强内吸传导治疗和植物表面保护双重功效，可以有效阻止霜霉科真菌侵入，抑制病原孢子的形成或萌发，快速被作物吸收后，能够分布到植株的各个部位，具有分布均匀，耐雨水冲刷等优点。有较长的持效期，在正常的天气条件下，喷药间隔期可以达到 8～10 天。

使用方法：金甲霜灵·锰锌主要防治对象是由卵菌纲真菌引起的病害。如霜霉病、疫病以及霉腐菌引起的猝倒病、果实腐烂病等，预防时用 700 倍液喷雾；轻微发病时用 600 倍液喷雾；重病田用 500 倍液喷雾。

注意事项：不可与铜制剂及强碱性药剂混用；最好在病害发生前或发生初期使用；本品对鱼类有毒，不要把废弃药液倒入水体或在水体周围用药。

185. 霜脲·锰锌有什么特点？如何使用？

霜脲·锰锌是由 8％霜脲氰和 64％代森锰锌复配而成，剂型有72％可湿性粉剂。

特点：本品由最新脲类内吸治疗剂与广谱保护剂有机混配而成。既具有良好的保护作用又有对侵染病菌的内吸治疗功能，多方位攻击病原真菌敏感部位，抑制酶的活性，特别添加植物免疫剂，可高效激发作物自身免疫功能。施药后 1 小时左右可被植物吸收，不怕雨水冲刷。发病前使用可保护作物免生病害，发病后使用可控制病害发展，是一种适用于作物各个时期的全程杀菌剂。具有预防、保护、内吸、治疗等多种功能，连续使用不易产生抗药性。

　　使用方法：可用于防治葡萄霜霉病、疫病等由卵菌纲真菌侵染引起的病害。当病害发生初期，用本品稀释 600～800 倍均匀喷雾。每隔 7～10 天喷 1 次，连施 2～3 次。

　　注意事项：不能与碱性农药、肥料混用；配药时，要搅拌均匀后喷雾；按农药操作规程施药，如发生中毒，应立即送医院对症治疗。

186.　双炔酰菌胺有什么特点？如何使用？

　　双炔酰菌胺属低毒杀菌剂，主要剂型为 25% 悬浮剂，商品名为瑞凡，是近几年研发上市的全新的杀卵菌药剂。针对各种作物的霜霉病、晚疫病或由腐霉菌引起的苗期猝倒病，由腐霉菌、绵疫霉菌引起的瓜果腐烂病均有非常好的防控效果。

　　作用特点：双炔酰菌胺是一个保护兼治疗性药剂，其保护效果好于治疗效果。该药剂高效，每亩使用剂量很低。能快速与叶片表层的蜡质层结合，耐雨水冲刷，持效期长。药剂能够跨层传导渗透到叶片内部以及叶片对面。因此，能够提高药剂的保护效果。对晚疫病的防治效果极其优异。混合性能好，可以和一般常用杀菌剂混合使用，并有增效作用。

　　使用方法：在没有发病前，采用全部喷雾与局部喷雾相结合的方法定期喷药保护预防。发病以后可以加入金甲霜灵·锰锌或霜霉威混合使用。尤其是加入渗透剂后，可以增加治疗效果。每亩用药量成株期为 40 毫升，幼苗期可以适当减少。

　　该药剂使用过程中，我们发现，其保健性防控持效期可达 14 天以上，对霜霉病、晚疫病防控效果突出。

187.　咪鲜胺有什么特点？如何使用？

　　咪鲜胺是咪唑类高效广谱无公害杀菌剂，具有一定传导性能，制剂有单剂如 25％乳油、45％水乳剂；混剂如：咪鲜胺＋苯锈啶、咪鲜胺＋多菌灵、咪鲜胺＋氟喹唑等。

作用机理与特点：咪鲜胺是咪唑类广谱杀菌剂，通过抑制甾醇的生物合成而起作用。尽管不具有内吸作用，但具有一定的传导性能，对芒果炭疽病、柑橘青霉病及炭疽病和蒂腐病、香蕉炭疽病及冠腐病等有较好的防治效果，还可以用于水果采后处理，防治储藏期病害。另外通过种子处理，对谷禾类许多种传和土传真菌病害有较好的活性。单用时，对斑点病、霉腐病、立枯病、叶枯病、条斑病、胡麻叶斑病和颖枯病有良好的防治效果，与萎锈灵或多菌灵混用，对腥黑穗病和黑粉病有极佳防治效果。在土壤中主要降解为易挥发的代谢产物，易被土壤颗粒吸附，不易被雨水冲刷，对土壤中的生物低毒，但对某些土壤中的真菌有抑制作用。

使用方法：适用对象水稻、麦类、油菜、大豆、向日葵、甜菜、柑橘、芒果、香蕉、葡萄和多种蔬菜、花卉等，防治葡萄炭疽病用 800 倍液，防治褐斑病用 800～1 000 倍液，防治灰霉病用 600 倍液、黑痘病用 800～1 000 倍液。

注意事项：不能与碱性物质如波尔多液混用；使用时要戴手套及防护服，并及时用肥皂和水洗净手、脸及裸露皮肤；对鱼有毒，不可污染鱼塘、河道或水沟；应储存在通风、阴凉、干燥并远离食物、饲料及肥料的安全地方。

188. 苯醚甲环唑有什么特点？如何使用？

苯醚甲环唑属于低毒低残留药剂，主要剂型有 10％可分散粒剂、25％乳油等，商品名：世高。

特点：理想的内吸治疗性杀菌剂，安全，广谱。通过抑制麦角甾醇的生物合成而干扰病菌的正常生长，对植物病原菌的孢子形成强烈的抑制作用。具有理想的内吸性，施药后能被植物迅速吸收。在防治病害过程中，表现出预防、治疗、铲除三大功效，耐雨水冲刷，药效持久，持效期比同类杀菌剂长 3～4 天。

使用方法：杀菌谱广，能有效防治子囊菌、担子菌、半知菌等病原菌引起的黑星病、白粉病、叶斑病、锈病、炭疽病等，可防治葡萄白腐病、黑痘病、炭疽病、白粉病、穗轴褐枯病、褐斑病等。因此，一次用药，可预防多种病害。施药剂量为 10％可分散粒剂 2 000～3 000 倍液喷雾。

注意事项：由于铜制剂能降低苯醚甲环唑的杀菌能力，所以要避免二者混合使用；苯醚甲环唑有内吸作用，可以传送到植株各个部位，但为了保证药效，喷雾时一定要喷遍植株。

189. 嘧菌酯有什么特点？如何使用？

嘧菌酯属于低毒广谱杀菌剂，主要剂型有 25％悬浮剂、80％水分散粒剂。商品名：阿米西达。

产品特点：嘧菌酯是一种全新的 β 甲氧基丙烯酸酯类杀菌剂，具有保护、治疗和铲除三重功效，持效期长，调节作物生长，是目前防治病害种类最多的内吸性杀菌剂。通过抑制病菌的呼吸作用来破坏病菌的能量合成而使其丧失生命力。对作物安全，与环境相容性好，为得到最好的防效，宜在病害发生初期施药，喷雾时应注意加水量，使作物表面充分覆盖药液。

使用方法：嘧菌酯具有广谱的杀菌活性，对几乎所有的子囊菌、担子菌、卵菌和半知菌病害如白粉病、锈病、颖枯病、网斑病、黑星病、霜霉病、稻瘟病等数十种病害均有很好的活性。对葡萄霜霉病有很好的预防作用，对葡萄白粉病有很好的防治效果，一般 25％嘧菌酯悬浮剂使用剂量为 1 500～2 000 倍液。

注意事项：为防止产生抗药性喷药次数不能超过 4 次；在推荐剂量下对作物安全、无药害，但对某些苹果品种有药害；对地下水、环境安全；安全间隔期为 7 天；不提倡与乳油类农药和增渗剂混合使用，以免发生反应，降低药效。

190. 百菌清有什么特点？如何使用？

百菌清属于低毒广谱保护性杀菌剂，主要剂型有 40％悬浮剂，70％、75％可湿性粉剂。商品名：达科宁。

特性：剂型先进，品质稳定，药力强，防效持久，安全性高，配制方便，混用性好，防治病害种类多，具有多作用位点。对葡萄主要真菌病害，如白腐病、霜霉病、穗轴褐枯病、黑痘病、炭疽病、灰霉病、白粉病、褐斑病等都有较好的预防作用。

使用方法：必须在发病前喷施才能发挥其防病的作用。喷药可以在春季发芽后 3～4 叶期开始，喷施剂量为 600～800 倍液，每次间隔 15 天。

注意事项：在田间发病初期及时用药，效果最佳；储存于阴凉、干燥、通风处，并远离食品、饲料，以防误食误用；对眼睛有刺激性，如不慎触及眼睛，立即用大量清水冲洗并求医；对鱼类有毒，用药应远离池塘、湖泊和河流，勿将药液倾入池塘、湖泊和河流等。

191. 高效氯氟氰菊酯有什么特点？如何使用？

高效氯氟氰菊酯属中等毒性杀虫剂，主要剂型有 2.5％水剂。商品名：功夫。

特点：高效氯氟氰菊酯是含氟的拟除虫菊酯类杀虫剂，杀虫活性很高，以触杀、胃毒为主，无内吸作用。杀虫谱广，药效迅速，耐雨水冲刷。对害螨有一定防效，可兼治螨类。

使用方法：使用时，按规定用量，对水均匀喷雾。主要防治对象有鳞翅目如透翅蛾、葡萄天蛾、星毛虫，鞘翅目如虎天牛，双翅目如果蝇，同翅目如斑衣蜡蝉、褐盔蜡蚧、根瘤蚜、叶蝉等，半翅目如绿盲蝽，膜翅目如叶蜂等害虫。没有内吸性，通过胃毒、触杀作用杀死害虫。使用剂量一般为 2 000 倍。

注意事项：不能与碱性物质如波尔多液混用；本品是中等毒性杀虫剂，对人体有害，使用时要戴手套及防护服，并及时用肥皂和水洗净手、脸；对鱼类、蜜蜂毒性大，禁止污染水源和蜂场、桑园；应储存在通风、阴凉、干燥处。

192. 噻虫嗪有什么特点？如何使用？

噻虫嗪属于第二代新烟碱类杀虫剂，剂型为 25％水分散粒剂、75％悬浮剂。商品名：阿克泰、锐胜。

特点：与第一代吡虫啉之间没有交互抗药性，具强内吸传导性，作物的所有器官对其都有很好的内吸性，特别是通过根系、种子、叶片吸收效果好。能够均匀地在植物体内分布。内吸速度快，不怕雨水冲刷。持效期长，在正常用量的情况下，有效期达 2～4 周。用量低（每亩使用有效成分仅 1～2 克），不容易产生残留问题。毒性低，对人畜安全，非常适合安全食品的生产。杀虫谱广，对大多数刺吸式口器害虫有特效，如蚜虫、飞虱、叶蝉、粉虱等，此外，对叶甲、跳甲、金针虫、潜叶蝇等都有优异的防治效果。

使用方法：在蔬菜上主要防治各种蚜虫、烟粉虱、叶蝉、蓟马等刺吸式口器害虫和鞘翅目的食叶甲虫和双翅目的潜叶蝇。防治蚜虫、蓟马和烟粉虱等，用 2 000～4 000 倍液；防治潜叶蝇、甲虫等，用 1 500～3 000 倍液。根施、淋灌持效期可达 30 天，效果好。

注意事项：该药剂持效期长，但对害虫的速效性较差。为了提高其速效性，可以和 2.5％高效氯氟氰菊酯水剂 2 000～3 000 倍液混合使用。二者混配后增效作用非常明显。

193. 溴氰虫酰胺有什么作用特点？如何使用？

溴氰虫酰胺属于新一代广谱型杀虫剂，高效低毒，剂型有

10％可分散油悬浮剂。商品名：倍内威、富美百翠。

特点：通过削弱肌肉功能从而影响昆虫行为。杀虫谱广，对蚜虫、叶蝉、木虱、蓟马、象鼻虫、烟粉虱、叶甲和潜叶蝇都具有良好的防效。具高效渗透、持效长久、跨层传导、呵护新梢的特点。对环境和天敌友好，对哺乳动物微毒。

使用方法：虫害发生轻及发生早期用 750 倍液，间隔 10～15 天，连用 2 次。虫口基数大时，世代重叠，发生重，耐药性上升，建议用 750 倍液＋甲维盐（或噻虫嗪），间隔 5～7 天，连用 2 次。轮换其他作用机理的药剂。

194. 氯虫·高氯氟有什么特点？如何使用？

氯虫·高氯氟属于高效低毒新剂型杀虫剂。剂型：14％微囊悬浮-悬浮剂。商品名：福奇。

特点：该药剂不仅互补了两单剂的防治范围，同时不同的杀虫机理也使其对延缓害虫抗性发展提供了科学、有效的解决方案。杀虫速度快，施药后 3 小时就可产生效果，其快速杀虫的特点可以最大限度地减少作物受的损害。持效期长，1 次施药持效期可达 10～14 天。高效，杀虫更彻底，广谱，对鳞翅目害虫如菜青虫、小菜蛾、甜菜夜蛾、斜纹夜蛾等和刺吸式口器害虫如蚜虫、蓟马、叶蝉、盲蝽以及马铃薯甲虫等均有很好的防效。

使用方法：茄果类、十字花科蔬菜在害虫低龄幼虫发生期施药，每亩用 10～20 毫升，对水 30～45 升（根据蔬菜植株大小调整水量）。

注意事项：该药剂为微囊悬浮-悬浮剂，为了充分发挥其药效，建议在使用时进行二次稀释。建议在害虫的初发阶段、低龄期就开始使用，以减少害虫对作物的为害。在害虫特大暴发或害虫世代交替严重的区域，要根据当地实际情况，适当加大剂量。用水量是保证药效的重要因素之一，施药时水量一定要用足，一般蔬菜每亩用量最少为 30 升。

195. 阿维菌素有什么特点？如何使用？

阿维菌素属于高毒（制剂低毒）杀虫剂，主要剂型有 1.8％、2％、1％、0.9％、0.5％乳油，0.12％、0.05％可湿性粉剂。

作用特点：阿维菌素是一种广谱杀虫杀螨剂。对害虫、害螨有触杀和胃毒作用，对作物有渗透作用，但无杀卵作用。杀虫机理主要是干扰害虫的神经生理活动，从而导致害虫、害螨出现麻痹症状，不活动，不取食，经 2～4 天即死亡。在土壤中降解快，光解迅速。对作物安全，不易产生药害。

使用方法：当二斑叶螨、山楂叶螨、短须螨等害螨点片发生时，用 1.8％阿维菌素乳油 4 000～4 500 倍液，均匀喷雾。

注意事项：对蜜蜂有毒，在蜜蜂采蜜期不得用于开花作物；对水生浮游生物敏感，使用时应远离鱼塘和江河；与其他类型杀螨剂无交互抗性，对其他类杀螨剂产生抗性的害螨本剂仍有效；如发生误服中毒，可服用吐根糖浆或麻黄解毒，不使用巴比妥、丙戊酸等增强 γ-氨基丁酸活性的药物。按绿色食品农药使用准则规定，在生产 A 级、AA 级绿色蔬菜和果品时，不得使用本剂。

196. 三唑锡有什么特点？如何使用？

三唑锡属中等毒性杀螨剂，剂型有 25％可湿性粉剂。

产品特点：在试验剂量内无致畸、致癌、致突变作用，对鱼毒性高，对蜜蜂毒性低。三唑锡为触杀作用强的广谱杀螨剂，可杀灭若螨、成螨和夏卵，对冬卵无效。对光稳定，残效期长，对作物安全。适用于防治果树、蔬菜上的多种害螨。

使用方法：防治葡萄叶螨山楂叶螨等，用 25％可湿性粉剂 1 000～1 500 倍液喷雾。

注意事项：三唑锡人体每日允许摄入量为 0.003 毫克/（千克·天）；如有中毒者，应立即将患者置于通风处并保暖，同时服用大量医用活性炭，并送医院治疗。

197. 四螨嗪有什么特点？如何使用？

四螨嗪是一种高效、低毒专用杀螨剂。主要剂型有 20％可湿性粉剂、50％悬浮剂。

产品特点：对人、畜低毒，对眼睛和皮肤有轻微刺激性，对鱼类、鸟类、天敌类、蜜蜂、作物安全。对幼螨、若螨具杀伤力；对卵尤其是夏卵毒杀性突出，也是该药的特点。此外，该药持效期较长，可达 50 天左右，对温度不敏感。

使用方法：一般于第一代卵盛期或幼螨初孵期喷药，如果多种害螨存在，应于优势种群的卵盛期应用，成螨数量较大时，应和其他速效杀螨剂混合使用。喷雾用 20％四螨嗪可湿性粉剂 2 000～3 000 倍液，或 50％四螨嗪悬浮剂 5 000～6 000 倍液。

注意事项：不能与碱性农药混用，但和其他农药可以混用；喷药次数每年只使用 1 次，以防产生抗性；配制时须将药摇匀以防药力不足；避免药液溅到眼睛和皮肤上，采收前 40 天停用。

198. 氟乐灵有什么特点？如何使用？

氟乐灵是一种用于封地面的除草剂，主要剂型有 48％乳油。

作用特点：选择性强，杀草谱广，杀草力强，有效期长，高效土壤处理除草剂。主要用于油菜、豆类、马铃薯等作物，而对小麦、青稞药害严重。氟乐灵可有效杀死野燕麦、娘子菜、猪殃殃、扁蓄、香薷、藜（灰条菜）等杂草。

使用方法：当土壤有机质含量小于 2％时，一般每亩用 48％氟乐灵乳油 50～60 克；当土壤有机质含量大于 2％时，一般每亩用

100～200克。主要根据土壤有机质含量决定，有机质含量高，用药量可高些，反之就低些；播前土壤处理每亩用药量与25～40千克细沙拌均匀，然后撒施；或每亩用15～25千克水对药喷雾，施药要均匀。然后把翻10厘米左右，再按生产程序操作；在野燕麦较多的阔叶作物田内，每亩用48％氟乐灵100克，与100克40％燕麦畏混匀后对水均匀喷施地表，或与化肥、沙土混匀后撒于地表，然后立即把翻10厘米，可以提高对野燕麦的防效，并减轻对作物的药害；秋翻期施药：氟乐灵在秋翻期土壤冻结前施用，翻深10厘米，翌年春季播种油菜或豌豆，对作物安全。葡萄园一般在葡萄出土上架后使用。

注意事项：氟乐灵易挥发和光解，施药后要立即把翻入土；严禁用于小麦、青稞地；氟乐灵在土壤中有效期长达6个月。因此，秋翻期施药后的土地，第二年只能播种油菜和豌豆；整地不好，土块大，会降低药效；土壤过于干旱，混药不匀，会使油菜田增大药害，而土壤湿润，有利于提高保苗率；使用时应尽量避免喷到葡萄植株上。

199. 虱螨脲有什么特点？如何使用？

虱螨脲属于抑制昆虫蜕皮的生物激素类杀虫剂，对高等动物和人毒性低。剂型：5％乳油。商品名：美除。

特点：对鳞翅目害虫特效，对蓟马、瘿螨的效果也非常好。对害虫卵的杀灭效果好，对三龄以下幼虫高效，但对老龄幼虫效果差。没有内吸杀虫作用，主要通过害虫取食后进入体内，使害虫中毒死亡。对成虫有一定的避孕效果，接触药剂的成虫所产的卵孵化率显著降低。药剂作用速度慢，害虫中毒后死亡时间长，但中毒后害虫不能继续为害作物。抗雨水冲刷作用非常好，喷药后15分钟降雨，对药效没有显著影响。适合与有机磷、菊酯类杀虫剂混合使用，可增加杀虫效果。

使用方法：虱螨脲在葡萄上可以用来防治各种鳞翅目害虫，如透翅蛾、车天蛾等，还可以防治毛毡病。使用浓度为 1 000 倍液。由于虱螨脲主要是对害虫的卵和低龄幼虫效果好，因此，在喷药时需要比其他药剂提早一些，最好在产卵初期至盛期施药。

注意事项：虱螨脲对瘿螨有很好的效果，但对其他螨类没有效果。在防治鳞翅目害虫时，重点喷施幼虫经常取食的植物部位。

200. 氯虫·噻虫嗪有什么特点？如何使用？

氯虫·噻虫嗪是一个革命性的、通过土壤根施防治地上、地下害虫的全新概念的高效低毒杀虫剂，是用来防治多种作物上的多种害虫的标志性杀虫剂。剂型：30%悬浮剂、40%水分散粒剂。商品名：度锐、福戈。

特点：该药剂土壤处理（根施）后，作物根部和新生叶均有药液保护，能有效防治作物根部土壤中和植株上的多种害虫。施药方法灵活、简单，可采用移栽前苗盘淋施、移栽时穴施、大田灌根和通过滴灌系统进行滴灌。对施药者安全。施药后无须担心雨水冲刷，造成药液浪费；持效期长达 20～35 天，甚至更长。对蔬菜上的小菜蛾、菜青虫、斜纹夜蛾、甜菜夜蛾、瓜螟、棉铃虫、烟青虫、豆螟、尺蠖等鳞翅目害虫，蚜虫、白粉虱、蓟马等刺吸式口器害虫，跳甲、马铃薯甲虫等鞘翅目害虫，蛴螬、蝼蛄、金针虫、地老虎等地下害虫均有非常理想的防治效果。该药剂还能壮苗，提高商品产量。

使用方法：使用剂量为每亩 33～50 毫升。药剂采用移栽前苗盘处理时，要在移栽前 3～5 天将氯虫·噻虫嗪稀释成 2 000 倍液，然后将苗盘浸放到稀释液里面 10 秒，然后取出带泥药水（确保浸施前苗盘里面的泥土相对黏稠，便于吸收尽量多的药液）。采用喷淋处理时，移栽前 3～5 天将氯虫·噻虫嗪稀释成 2 000 倍液淋在苗盘里，淋液量为每平方米 2 升。

201. 草甘膦钾盐有什么作用特点？如何使用？

草甘膦属于广谱内吸性除草剂，使用钾盐使之溶解除草效果更彻底。剂型有 43％、35％水剂。商品名：泰草达。

作用特点：广谱内吸性除草剂，可防除一年生及多年生禾本科杂草、阔叶杂草。本身难溶于水，必须加工成各种盐，才能溶解在水中被杂草吸收。钾盐易溶于水，大大提高了草甘膦在水中的溶解度；而且钾盐吸湿性好，杂草叶面上的药液可以从空气中吸收水分，长时间保持湿度，延长了草甘膦的作用时间。叶面上干燥的雾滴在夜间湿度变化大时，会吸湿潮解，再次发挥作用。草甘膦吸收时，先要通过杂草叶片表面的角质层，再通过表皮细胞，进入输送管道（维管束），进而传输到杂草根部，杀灭杂草。

使用方法：使用剂量 122～245 毫升/亩，葡萄园可以定向喷雾、挡板喷雾。

202. 赤霉素有什么特点？如何使用？

赤霉素（GA）是广谱性植物生长调节剂，可促进作物生长发育、果粒增大，使之提早成熟，提高产量，改进品质；能迅速打破种子、块茎和鳞茎等器官的休眠，促进发芽；减少蕾、花、铃、果实的脱落，提高果实结果率或形成无籽果实。也能使某些 2 年生的植物在当年开花。

赤霉素在葡萄生产上应用较广，能使葡萄果粒增大及诱导产生无核果，并提早成熟。美国生食无核葡萄几乎全部用赤霉素处理。

使用方法：葡萄开花后 7～10 天，玫瑰香葡萄用 200～500 毫克/千克药液喷果穗 1 次，促进无核果形成。在盛花期浸蘸高尾品种花序，用 50 毫克/升赤霉素溶液处理，可使该品种果粒增大 1 倍以上，果实无核，品质好，果穗整齐、紧凑美观。

注意事项：赤霉酸水溶性较弱，用前先用少量酒精或白酒溶解，再加水稀释至所需浓度；使用赤霉酸处理的作物不孕籽增加，故留种田不宜施药；效果不稳定。同一种生长调节剂的作用与品种、气候、树势等因素有关，也受产品质量、使用方法等因素的影响。因此，使用前必须总结当地的经验，根据实际情况调整使用方法；由于在不同的时期，葡萄生长发育的重点不同，应用生长调节剂，就可能产生不同的甚至相反的效果。如赤霉素花前处理玫瑰香葡萄，可引起严重落花落果和穗轴扭曲，而花后处理则有促进坐果、使果实无核化和提前成熟等良好效果。因此，必须结合作物品种等实际状况，先试验后使用。严格掌握使用时期。赤霉素的使用效果还与浓度的高低有关。因此，必须先在当地试验，再寻求适宜的浓度，以尽量减轻副作用影响。

203. 乙烯利有什么特点？如何使用？

乙烯利是广谱性植物生长调节剂。可促进老叶脱落、果实成熟和着色。

在葡萄上喷施乙烯利，很快引起落叶而果实不掉，可以提高收获时的工效。在葡萄栽培中，乙烯还有疏果的功效。乙烯在常温下是气体。作为生长调节剂用的是乙烯利。乙烯利在代谢过程中可释放出乙烯。

使用方法：在葡萄上使用乙烯利有以下功能：①促进果实着色和成熟。在浆果开始着色时，用300～1 000毫克/千克的乙烯利处理，可增加许多红色品种的花色苷积累，促进着色；②促进器官的脱落。应用不当会引起落叶、早衰和梢尖脱落，前期应用有疏果作用；③抑制营养生长。乙烯利可抑制许多品种的过旺生长，有利于植株通风透光和枝条成熟，但必须注意对叶和果的副作用。

注意事项：在使用乙烯利时注意使用浓度，浓度过大，容易造成葡萄果实脱落。

204. PBO 有什么特点？如何使用？

PBO 是多种植物生长调节剂的混合物，主要含有烯效唑、细胞生长素、细胞分裂素等成分，能使葡萄果实膨大、长势强、提早成熟 10 天左右。喷施 PBO 后 4～5 天新梢生长缓慢，叶色转深，光合作用增强，营养向果实集中；PBO 含细胞分裂素，促进果粒细胞分裂，果粒增大，每穗 50 粒左右，每粒重 23～25 克；葡萄用了膨大剂后裂果加重，而使用了 PBO 后裂果减轻，增加了好果率。

使用方法：花前用 150 倍液喷葡萄叶片，果实膨大期用 150 倍液喷叶面，能够使果实增大，长势强，提前 10 天左右成熟。欧亚种葡萄在秋季旺长时再喷 1 次 150～200 倍液，可促进花芽饱满，以保证次年穗大粒大。欧美种应在花后 25 天喷 100～150 倍液，隔 20 天喷 1 次，共喷 3～4 次，果粒大，甜度高，着色好，早熟 15 天并能防止裂果和后期果柄脱落，效益提高 40％以上。

注意事项：PBO 对旺树效果好，弱树效果差，弱树必须加强肥水管理，待树势转旺后使用；PBO 使用后必须大肥大水，地下部分促，地上部分控，促控结合，秋季基肥要施足量的鸡粪，膨大期肥水要充足，以尿素为主，成熟前 30 天以钾肥为主；使用 PBO 必须与综合管理相结合，才能收到好的效果。

第五章　葡萄套袋控害技术

205. 葡萄什么时候套袋避病防虫效果好？应该注意什么？

（1）**套袋时间：**葡萄套袋要尽可能早，一般在果实坐果稳定、整穗及疏粒结束后立即开始，此时幼果似豆粒大小。宜赶在雨季来临之前，以防止早期侵染的病害及日灼。

如果套袋过晚，果粒生长进入着色期，糖分开始积累，不仅病菌极易侵染，而且日灼及虫害均会有较大程度的发生。另外，套袋要避开雨后的高温天气，在阴雨连绵后突然晴天，如果立即套袋会使日灼加重。因此，要经过 2～3 天，使果实稍微适应高温环境后再套袋。

（2）**药剂防病：**可用 25％嘧菌酯悬浮剂 2 000 倍液、14.7％吡唑联水分散粒剂 1 000 倍液、32.5％嘧菌酯·苯醚甲环唑悬浮剂 1 500倍液等专喷果穗。药液干后在晴天上午 10 时以前或下午 3 时以后套袋或阴天套袋，喷药后 2 天之内果袋必须套完。套袋后可交替喷施 32.5％嘧菌酯·苯醚甲环唑悬浮剂 1 500 倍液和 10％苯醚甲环唑水分散粒剂 1 500～2 000 倍液，或喷施 25％苯醚甲环唑·丙环唑乳油 3 000 倍液。喷施杀菌剂时可加 2.5％高效氯氟氰菊酯水剂 2 000～3 000 倍液、14％氯虫·高氯氟微囊悬浮-悬浮剂3 000倍液等杀虫剂。采收前 15 天严禁喷药。

（3）**及时治虫：**6～8 月，无论是露地栽培还是避雨栽培，防治虫害的方法相同。若发现葡萄叶螨、蓟马等，结合防治病害，在杀菌剂中加入 14％氯虫·高氯氟微囊悬浮-悬浮剂 3 000 倍液、1.8％阿维菌素水剂 3 000～4 000 倍液、2.5％高效氯氰菊酯乳油 1 500～2 000 倍液喷施，但不能加入铜制剂。

206. 葡萄果实套袋有哪些技术要点？

在选择好葡萄袋的基础上，套袋时注意套袋的质量。①套袋前必须进行果穗整形，保证果穗大小均匀，没有过大果穗。②全园喷布一次杀菌剂如多菌灵、代森锰锌、甲基硫菌灵等，重点喷施果穗，药液晾干后再开始套袋。③将袋口 6～7 厘米浸入水中，使其湿润柔软，便于收缩袋口提高套袋效率，并且便于将袋口扎紧扎严。④为防止害虫及雨水进入袋内，套袋时先用手将纸袋撑开，使纸袋整个鼓起，然后由下往上将整个果穗全部套入袋内，再将袋口收缩到穗梗上，用一侧的封口丝紧紧扎住。注意，铁丝以上要留有 1～1.5 厘米的纸袋边，套袋时不能用手揉搓果穗。

207. 葡萄套袋后怎样进行防病治虫管理？

套袋后可以不再喷施针对果实病虫害的药剂，重点是防治好叶片病虫害如黑痘病、炭疽病、霜霉病等。对易进入袋内为害的害虫要密切观察，严重时可以解袋喷药，可选用 25％噻虫嗪可分散粒剂 2 000 倍液、20％吡虫啉可湿性粉剂 1 000～3 000 倍液、14％氯虫·高氯氟微囊悬浮-悬浮剂 3 000 倍液等。套袋后对阳光直射部位的葡萄一定要及时遮阴。

208. 什么时候摘袋？如何摘袋？

葡萄套袋后可以不摘袋，带袋收获，如摘袋，则摘袋时间应根据品种、果穗着色情况以及纸袋种类而定。一般红色品种因其着色程度随光照强度的减小而显著降低，可在采收前 10 天左右摘袋，以增加果实受光，促进良好着色。巨峰等品种一般不需摘袋，可以通过分批摘袋的方式来达到分期采收的目的。另外，如果使用的纸袋透光度较高，能够满足着色的需求，也可以不摘袋，以生产洁净无污染的果品。摘袋方法：摘袋时，不要将纸袋一次性摘除，先把袋底打开，使果袋在果穗上部戴一个帽，以防止鸟害及日灼。摘袋时间宜在上午 10 时以前和下午 4 时以后，阴天可全天进行。

209. 葡萄摘袋后怎样进行防病治虫管理？

葡萄摘袋后一般不必再喷药，但应注意金龟子等害虫的危害，并密切观察果实着色进展情况，在果实着色前，剪除果穗附近的部分已经老化的叶片和架面上的密枝蔓，可以改善架面的通风透光条件，减少病虫为害，促进浆果着色。摘叶不要与摘袋同时进行，也不要一次完成，应当分期分批进行，以防止发生日灼。

附　　录

一、葡萄园病虫害周年系统防控整体方案

萌芽前：主要防治对象为白腐病、房枯病、炭疽病、黑痘病、白粉病、毛毡病、葡萄短须螨等。

喷 3～5 波美度石硫合剂，全株喷洒，包括葡萄架材。为了兼治多种病害，再喷洒 1 次 80％代森锰锌可湿性粉剂 600 倍液。

发芽后到开花前：主要防治对象为霜霉病、黑痘病、穗轴褐枯病、灰霉病、白粉病、透翅蛾、金龟子等。

(1) 3～4 叶期：40％氟硅唑乳油 8 000 倍液＋2.5％高效氯氟氰菊酯乳油 3 000 倍液＋有机营养液 250 倍液，全株喷洒。

(2) 花序展露期：12.5％烯唑醇乳油 3 000 倍液＋2.5％高效氯氟氰菊酯乳油 2 000 倍液＋尿素水 300 倍液＋磷酸二氢钾 300 倍液。

(3) 花序分离期：32.5％嘧菌酯·苯醚甲环唑悬浮剂 1 500 倍液＋速效硼 10 克＋磷酸二氢钾 300 倍液＋14％氯虫·高氯氟微囊悬浮-悬浮剂 3 000 倍液，全株喷洒，重点为果穗。

开花后到套袋前：防治对象为白腐病、黑痘病、白粉病、穗轴褐枯病、霜霉病、房枯病、短须螨、透翅蛾等。

(1) 落花后 1～2 天：用 25％嘧菌酯悬浮剂 2 000 倍液重点喷洒果穗。

(2) 坐果期：10％苯醚甲环唑可分散粒剂 2 000 倍液＋1.8％阿维菌素乳油 5 000 倍液＋4.5％高效氯氰菊酯乳油 1 000 倍液，全株喷洒。

(3) 小幼果膨大期：用 25％嘧菌酯悬浮剂 2 000 倍液或 14.7％

吡唑联水分散粒剂 1 000 倍液＋锌钙氨基酸 300 倍液，喷果穗。用石灰半量式波尔多液 200 倍液，喷叶片。

(4) 大幼果期：用 32.5％嘧菌酯·苯醚甲环唑悬浮剂 1 500 倍液或 75％百菌清可湿性粉剂 800 倍液＋14％氯虫·高氯氟微囊悬浮-悬浮剂 3 000 倍液＋锌钙氨基酸 300 倍液，喷果穗。用 70％甲基硫菌灵可湿性粉剂 600 倍液，喷叶片。

(5) 套袋前：用 25％嘧菌酯悬浮剂 3 000 倍液＋ 14％氯虫·高氯氟微囊悬浮-悬浮剂 3 000 倍液，喷果穗。用 68％金甲霜灵·锰锌水分散粒剂 500 倍液＋4.5％高效氯氰菊酯乳油 1 000 倍液＋有机营养液 250 倍液，喷叶片。

套袋后到采收后：防治对象为霜霉病、白粉病、房枯病、炭疽病、黑痘病、灰霉病、褐斑病、叶枯病、毛毡病、短须螨等。

(1) 封穗期：用 32.5％嘧菌酯·苯醚甲环唑悬浮剂 1 500 倍液＋25％三唑锡可湿性粉剂 1 000 倍液，喷藤蔓和叶片。

(2) 变色期：用 25％嘧菌酯悬浮剂 3 000 倍液＋14％氯虫·高氯氟微囊悬浮-悬浮剂 3 000 倍液，喷叶片。

(3) 成熟期：用 68％金甲霜灵·锰锌水分散粒剂 500 倍液＋25％三唑锡可湿性粉剂 2 000 倍液，喷叶片。

(4) 采收后：防治对象为霜霉病、褐斑病、叶枯病等。用高效氨基酸水溶液 250 倍液＋磷酸二氢钾 300 倍液＋25％嘧菌酯悬浮剂 3 000倍液，或 10％苯醚甲环唑水分散粒剂 2 000 倍液＋2.5％高效氯氟氰菊酯水剂 2 000 倍液，全株喷洒，包括地面。

二、葡萄园病虫害综合防治方案

葡萄病虫害的综合防治应贯彻"预防为主，综合防治"的方针，具体做好以下几方面的工作。

(1) 加强栽培管理，提高葡萄植株的抗病虫能力

①清洁果园。搞好园内卫生是减少初侵染源和压低越冬虫口密度的重要措施。除早春和秋末彻底清除果园内枯枝、落叶、病果、

杂草之外，夏季还应及时细致地清除有病虫的果穗、果粒、枝梢和叶片等，集中烧毁或深埋。

②成龄树早春刮树皮。早春刮掉老皮，可大大减少介壳虫、红蜘蛛、斑衣蜡蝉、褐斑病菌等越冬病虫体，并提高施药的防治效果。

③改善架面通风透光条件。首先，上架绑蔓时，要使结果穗适当离地面高一些；如果穗离地面太近，容易招致病虫为害。其次，要合理定枝，以产定梢，留枝梢不可过密，同时要及时去副梢、摘心、绑枝、顺花序（果穗）。这样才能保证架面通风透光良好。

④中耕除草和排涝。杂草丛生、地势低洼的果园，病虫害发生严重。因此，在夏秋发病盛期灌水或雨后，要及时中耕除草和排涝。降低果园湿度，防止病虫滋生蔓延。

⑤合理施肥。施足基肥，适时追肥，增施磷、钾肥和微量元素，保证树体营养充分，提高植株抗病虫能力。

(2) 及时喷药，控制危害

根据葡萄园历年病虫发生轻重、当年气候条件和病虫害发生的特点与趋势，本着预防为主、积极防治的原则，抓住时机喷药防治。

①休眠期喷施铲除剂。葡萄在秋后下架防寒之前和春季出土上架之后，各喷布 1 次铲除剂，以杀死枝干上越冬病虫源。五氯酚钠是休眠期常用的铲除剂，可与石硫合剂混用，有增效作用，能增加药物的渗透性，提高杀菌力。不仅能防治炭疽病、黑痘病、白粉病等病害，还可兼治红蜘蛛、远东盔蚧、壁虱等虫害。

②生长期喷施保护性杀菌剂。葡萄生长期用药量较大、用药次数多，重点使用保护剂波尔多液，从花前喷第 1 次开始，每隔 10～15 天喷 1 次，全年共喷 7～8 次，保护植株不受或少受病菌侵染。

依据葡萄生长发育的不同阶段及各种病虫发生与流行的适宜条件、田间症状，选择使用特效杀菌剂、杀虫剂，进行重点喷药防治，并科学混配农药，达到一药多效、病虫兼治。

三、果园施药应注意的事项

（1）**熟悉农药性能，科学选用农药**：各种农药都有一定的防治范围，同一类型农药，防治效果也不一样。因此，在防治病虫害之前，必须熟悉农药的性能，有针对性地选择使用农药。根据葡萄的品种特性和不同生长发育阶段的特点，合理使用农药。

（2）**根据预测预报结果，及时用药**：准确掌握病虫害的发生期、发生量和为害程度，制定有效的防治方案，才能取得满意的防治效果。

（3）**合理确定用药浓度和用药量**：一般来说，浓度高，药效大。但超过一定限度，药效并不会随浓度的提高而增强，还会造成农药污染等不良后果。因此，一定要掌握好施药浓度和用药量。

（4）**注意施药方法**：施药方法的确定，应考虑农药特性、病虫害发生程度和部位、葡萄受害情况以及栽培和环境条件等因素。一般乳剂、可湿性粉剂等以喷雾为主；粉剂以喷粉、撒毒土为主；内吸性强的药剂，可采用喷雾、泼浇、撒毒土、注射等方法；触杀性药剂以喷雾为主。

为害叶片的病虫害以喷雾和喷粉为主；钻蛀性害虫，以树干注射、泼浇或撒毒土为主。喷粉和喷雾，宜在上午露水干后进行，要做到"上喷下盖，四面打透"。

（5）**合理轮换和混用农药**：长期使用某一种农药防治某一种病害或虫害，往往容易产生抗药性；轮换使用农药，可延缓抗药性产生，提高防治效果。合理混用农药，既能提高防治效果，又可扩大防治对象，也有延缓抗药性产生的作用。合理混用农药应注意以下几点：

第一，遇碱性物质分解、失效的农药，不能与碱性农药或肥料混用。

四、石硫合剂容量倍数稀释表

石硫合剂容量倍数稀释表

原液浓度（波美度）　加水倍数 使用浓度（波美度）	10	13	15	17	20	22	25	26	27	28	29	30	31	32	33	34
0.1	106.0	142.0	166.0	191.0	231.0	248	300	315	330	345	361	377	393	409	426	442
0.2	53.0	70.0	82.0	95.0	114.0	128	150	157	165	172	179	188	196	204	212	221
0.3	31.7	46.5	56.0	64.0	77.0	86.0	101	106	110	116	120	126	131	137	142	148
0.4	25.8	35.6	40.7	47.0	57.0	64.0	77.0	78.0	82	86	89	93	97	101	106	110
0.5	20.4	27.4	32.5	37.3	45.1	51.0	59.0	62.0	65	68	71	74	77	81	84	87
0.6	16.8	22.7	26.8	30.9	37.5	42.0	49.1	52.0	54	57	59	62	64	67	70	73
0.7	14.2	19.3	22.7	26.3	31.9	35.8	42.0	44.0	46.1	48.4	50	53	55	57	60	62
0.8	12.4	16.7	20.0	22.9	27.8	31.2	36.5	38.4	40.2	42.1	44.1	46	48	50	52	54
0.9	10.8	14.7	17.4	20.2	24.6	27.6	32.3	33.9	35.6	37.2	38.9	40.7	42.5	44.2	46.1	48.6
1.0	9.7	13.2	15.6	18.1	22.0	24.7	29.0	30.4	31.9	33.3	34.8	36.5	38.1	39.7	41.4	43.7
1.5	6.1	8.5	10.1	11.7	14.4	16.2	18.9	19.9	20.9	21.9	23.0	24.0	25.1	26.2	27.3	28.4

（续）

原液浓度（波美度） 加水倍数 使用浓度（波美度）	10	13	15	17	20	22	25	26	27	28	29	30	31	32	33	34
2.0	4.32	6.1	7.6	8.5	10.5	11.8	13.9	14.7	15.4	16.2	16.9	17.7	18.5	19.3	20.2	21.0
2.5	3.23	4.62	5.6	6.6	8.1	9.2	10.9	11.5	12.1	12.7	13.3	13.9	14.5	15.2	15.8	16.5
3.0	2.51	3.66	4.46	5.3	6.6	7.5	8.9	9.3	9.8	10.3	10.8	11.3	11.9	12.4	12.9	13.5
3.5	1.96	2.98	3.66	4.37	5.5	6.2	7.4	7.8	8.3	8.7	9.1	9.5	9.9	10.5	10.9	11.4
4.0	1.62	2.47	3.07	3.68	4.65	5.3	6.4	6.7	7.1	7.4	7.8	8.2	8.6	9.0	9.4	9.8
4.5	1.31	2.07	2.60	3.14	3.99	4.58	5.5	5.8	6.1	6.5	6.8	7.1	7.5	7.8	8.2	8.6
5.0	1.08	1.76	2.24	2.72	3.49	4.03	4.84	5.1	5.42	5.7	6.0	6.3	6.6	7.0	7.3	7.6

计算公式：加水容量倍数＝原液波美度×（145－使用波美度）／使用波美度×（145－原液波美度）－1

五、石硫合剂质量倍数稀释表

石硫合剂质量倍数稀释表

使用浓度（波美度）＼原液浓度（波美度）	14	16	18	20	21	22	23	24	25	26	27	28	29	30	31	32
0.05	279.00	319.00	359.00	399.00	419.00	439.00	459.00	479.00	499.00	519.00	539.00	559.00	579.00	599.00	619.00	639.00
0.1	139.00	159.00	179.00	199.00	209.00	219.00	229.00	239.00	249.00	259.00	269.00	279.00	289.00	299.00	309.00	319.00
0.2	69.00	79.00	89.00	99.00	104.00	109.00	114.00	119.00	124.00	129.00	134.00	139.00	144.00	149.00	154.00	159.00
0.3	45.60	52.30	59.00	65.60	69.00	72.30	75.60	79.00	82.30	85.60	89.00	92.30	95.60	99.00	102.30	105.60
0.4	34.00	39.00	44.00	49.00	51.50	54.00	56.50	59.00	61.50	64.00	66.50	69.00	71.50	74.00	76.50	79.00
0.5	27.00	31.00	35.00	39.00	41.00	43.00	45.00	47.00	49.00	51.00	53.00	55.00	57.00	59.00	61.00	63.00
0.6	22.30	25.60	29.00	32.30	34.00	35.60	37.30	39.00	40.60	42.30	44.00	45.60	47.30	49.00	50.60	52.30
0.7	19.00	21.90	24.70	27.60	29.00	30.40	31.90	33.30	34.70	36.10	37.60	39.00	40.40	41.90	43.30	44.70
0.8	16.50	19.00	21.50	24.00	25.30	26.50	27.80	29.00	30.30	31.50	32.80	34.00	35.30	36.50	37.80	39.00
0.9	14.50	16.70	19.00	21.20	22.30	23.40	24.50	25.60	26.70	27.80	29.00	30.10	31.20	32.30	33.40	34.50
1.0	13.00	15.00	17.00	19.00	20.00	21.00	22.00	23.00	24.00	25.00	26.00	27.00	28.00	29.00	30.00	31.00

注：表中数字为每千克原液加水千克数

（续）

使用浓度（波美度） \ 原液浓度（波美度）	14	16	18	20	21	22	23	24	25	26	27	28	29	30	31	32
1.5	8.33	9.66	11.00	12.33	13.00	13.66	14.33	15.00	15.66	16.33	17.00	17.66	18.33	19.00	19.66	20.33
2.0	6.00	7.00	8.00	9.00	9.50	10.00	10.50	11.00	11.50	12.00	12.50	13.00	13.50	14.00	14.50	15.00
2.5	4.60	5.40	6.20	7.00	7.40	7.80	8.20	8.60	9.00	9.40	9.80	10.20	10.60	11.00	11.40	11.80
3.0	3.66	4.33	5.00	5.66	6.00	6.33	6.66	7.00	7.33	7.66	8.00	8.33	8.66	9.00	9.33	9.66
3.5	3.00	3.57	4.14	4.71	5.00	5.29	5.57	5.86	6.14	6.43	6.71	7.00	7.29	7.57	7.86	8.14
4.0	2.50	3.00	3.50	4.00	4.25	4.50	4.75	5.00	5.25	5.50	5.75	6.00	6.25	6.50	6.75	7.00
4.5	2.11	2.55	3.00	3.44	3.66	3.88	4.11	4.33	4.55	4.77	5.00	5.22	5.44	5.66	5.88	6.11
5.0	1.80	2.20	2.60	3.00	3.20	3.40	3.60	3.80	4.00	4.20	4.40	4.60	4.80	5.00	5.20	5.40

注：每千克原液加水千克数

计算公式：加水质量倍数 = $\dfrac{原液波美度}{使用药液波美度} - 1$

第二，混合后发生化学反应，引起植物药害的农药或肥料不能相互混合。

第三，混合后出现乳剂破坏现象，或产生絮结、沉淀的农药或肥料，不能相互混用。

夏秋季高温高湿环境容易诱发一些葡萄病虫害，若防治不当，极易导致减产降质，甚至毁园。因此，控制好夏秋季葡萄园病虫害，对当年产量和品质具有举足轻重的作用，对来年树势和花芽质量、产量也有不可忽视的作用。夏秋季葡萄园主要病虫害有霜霉病、白腐病、炭疽病、灰霉病等，生理性病害以黄叶病为主，虫害主要是二星叶蝉、斑衣蜡蝉、绿盲蝽、叶螨等。

六、常用波尔多液配比表

常用波尔多液配比表

配合式	硫酸铜（千克）	石灰（千克）	水（千克）	性 质
石灰少量式	1	0.25~0.4	100	不污染植物，药效快，但对植物不安全，附着力差
石灰半量式	1	0.5	100	不污染植物，药效快，很少有药害，附着力差
等量式	1	1	100	能污染植物，药效慢，对植物安全，无药害，附着力强
石灰多量式	1	1.5	100	能污染植物，药效慢，安全，无药害，附着力强
石灰倍量式	1	2	100	能污染植物，药效慢，安全，无药害，附着力强
石灰三倍式	1	3	100	能污染植物，药效慢，安全，无药害，附着力强
硫酸铜半量式	0.5	1	100	能污染植物，药效慢，安全，无药害，附着力强